Business Data Science with

Python 3

Pythonによる
ビジネス
データサイエンス

マーケティング
データ
分析

中原孝信 [編]

朝倉書店

シリーズ監修者

加 藤 直 樹 （兵庫県立大学大学院情報科学研究科／社会情報科学部）

編集者

中 原 孝 信 （専修大学商学部）

執筆者 （五十音順）

岩 﨑 幸 子 （国立情報学研究所情報学プリンシプル研究系）

小 池 　 直 （株式会社マクロミル）

中 原 孝 信 （専修大学商学部）

生 田 目 　 崇 （中央大学理工学部）

羽 室 行 信 （関西学院大学経営戦略研究科）

松 下 光 司 （中央大学大学院戦略経営研究科）

松 下 寿美子 （株式会社光洋）

ま　え　が　き

　消費者のライフスタイルはインターネットとスマートフォンの普及によって大きく変化した。特に，COVID–19 をきっかけに，世の中を取り巻く環境は著しく変化し，対面の会議や授業はリモートで実施され，食料品や料理もオンラインで注文できるようになり，書類はクラウドで管理されるなど，デジタル化へのシフトが急速に加速した。

　企業は，デジタルトランスフォーメーション (DX) と呼ばれる IoT，ビッグデータ，人工知能などのテクノロジーを活用した業務改革が必要な状況になってきている。DX は，アナログからデジタル化への置き換えにとどまらず，消費者や社会のニーズを満たし，生活をよりよい方向に変化させる IT の利活用が目的であり，そこでは，データとデジタル技術の活用が必要不可欠である。

　マーケティングでは，定期的に利用料金を支払うサブスクリプションや，需要と供給の変化にあわせて価格が変動するダイナミックプライシングなど，データとテクノロジーを融合させた販売形態が積極的に導入され始めている。また，データ活用に基づいたマーケティング課題の解決を目的にしたデータドリブンマーケティングの重要性が認識されており，これまでの経験と勘に基づいたマーケティング施策ではなく，データから得られた客観的な事実に基づいたマーケティング施策が打ち出されるようになってきた。

　デジタル化の進展に伴い，様々な分野においてデータ利活用への流れは避けられない状況になってきており，課題解決のための思考力とデータ分析を行う技術力が必要不可欠になってきている。

　本書は，マーケティングの視点からデータの利活用について論じている。特に企業で蓄積されている購買履歴データを利用し，それを分析する Python コードを示し，マーケティングの概要，データの集計，顧客の分析，商品の分析，そして店舗の分析までをカバーしている点が特徴である。

　企業で蓄積されているデータを書籍と一緒に提供しているケースはまれであり，本書では，株式会社マクロミルが収集している QPR データ，株式会社光洋が所有するスーパーマーケットの POS データ，そして株式会社肉のオカヤマが所有する焼肉店の POS データが利用できる。企業活動を通じて蓄積されているデータには，現場のリアルな一面が反映されており，これらのデータを分析することで，データ分析の本来の目的である結果の意味解釈や施策の提案に真摯に向き合うことができる。読者の方々には，実際に手を動かし，本物のデータを分析し，その結果を解釈することで，データから現場を把握していただきたい。

本書の読み方

　本書で示した Python コードは，Docker による仮想環境とあわせて Jupyter の notebook としてすべて公開されており，実際にプログラムを実行しながら読むことができる。本書で掲載しきれなかったデータ加工のための処理プログラムなども含まれており，本書の内容を補完する役割も担っている。また，章末には演習問題を掲載しており，各章の内容を復習できる問題から，より発展的な問題まで多様な問題を配置している。解答は，公開された notebook 上にすべて掲載している。

　また本書は，「Python によるビジネスデータサイエンス」シリーズの 1 冊であり，紙幅の都合上，Python の詳しい解説は記載できていないため，あわせてシリーズ第 2 巻『データの前処理』を参照していただくことでより理解が深まるであろう。

　本書は，前から順番に読むことを想定して書かれているが，1，2 章を順に読み，その後は興味のある章から読み進めてもらうこともできる。興味のある章から読むことで問題意識をもった効率的な学習が実施できるであろう。本書の 1 章にて，マーケティングにおけるデータ分析について論じている。ここでは，マーケティングの定義，マーケティング戦略，購買意思決定プロセスなどマーケティングの基本概念を最初に説明し，それをもとにマーケティングにおけるデータ収集と活用について述べている。次に 2 章では，3 種類の利用データの紹介と，実際にそれらのデータがどのように利用されているのかを示しており，

2.2 節では，スーパーマーケットにおける POS データの活用について詳細に記述している。1 章は，3 章以降の考え方の基礎になる部分，2 章は本書の利用データを解説していることから，まずは 1 章と 2 章を読んでもらいたい。

　その後は，3 章で焼肉店の POS データと，スキャンパネルデータを対象にした基礎集計，4 章で顧客のセグメンテーションを行い，特徴的な購買行動を明らかにするための分析，5 章で相関ルールやネットワークを用いた商品の分析と価格設定について論じている。最後に 6 章では，店舗の分析として，店舗選択のための要因分析を業態に着目して実施している。また，ポジショニングマップを利用した競合分析を行っている。これらは興味のある章から読み始め，実際にコードを実行し理解を深めてほしい。

プログラムとデータのダウンロード

　本書で紹介しているすべてのプログラムとデータは，以下の GitHub リポジトリよりダウンロードできる。

`https://github.com/asakura-data-science/marketing`

Python の実行環境として利用できる Docker コンテナと，本書で利用するすべてのプログラムが Jupyter の ipynb 形式でダウンロード可能である。初学者にとっては，Jupyter や Python をローカルの PC にインストールして環境を構築することは容易ではない。そこで，インストール方法がわからない読者のために，必要なソフトウェアとライブラリをインストールしたマシンイメージを Docker 環境で利用できるようにしているので，そちらを利用してほしい。また，本書の 5.1 節，5.2 節，そして 6.1 節では `nysol_python` を利用している。`nysol_python` は Windows 環境では実行できないために，Windows ユーザーの方も Docker 環境の利用を推奨する。

　Docker を利用しない場合は，プログラムを実行するためには Jupyter のインストールが必要となる。また，上記 GitHub には，本プログラムで必要となるライブラリ一覧も示しているので，事前にインストールしていただきたい。Docker と Jupyter の利用方法については，GitHub リポジトリの「実行環境の構築」に解説している。

分　担　執　筆

　本書はマーケティングを専門とする松下光司，ビジネスにおけるデータ分析を専門とする生田目崇，羽室行信，岩﨑幸子，中原孝信，そして，実務でデータを利活用している小池直，松下寿美子が分担して執筆を行った。まえがき，2.3節，3.1節，5.3節，6.1節は中原が，1章は松下 (光) が，2.1節は小池が，2.2節は松下 (寿) が，3.2節，4章，および6.2節は生田目が，5.1節は羽室が，5.2節は岩﨑がそれぞれ担当した。

　2021年8月

中 原 孝 信

目　　次

Chapter 1

マーケティングにおけるデータ分析

　あなたが，ある小売チェーンに勤務しており，マーケティングデータを分析する立場であったことを想像してみてほしい。ある日，マーケティング担当者から店頭のセールスプロモーションに関する要望が寄せられる。その要望とは，「電子マネーを利用した顧客に付与するポイントを 10 倍にするキャンペーンを実施したい。どの商品を対象にしたらよいかを提案して欲しい」というものであった。あなたは，どのようなことに留意すべきだろうか。また，どのようなデータを，どのように分析すれば，マーケターのこの意思決定を助けることができるだろうか。

　この分析の方針を立てるためには，データ分析の能力を身につけるだけでは不十分であろう。いうまでもなく，マーケターの意思決定やマーケティングそのものについて理解しておかなくては，意思決定を助ける適切なデータ分析はできない。

　本章は，このような視座に立ち，データ分析をマーケティング意思決定やマーケティングの全体像のなかに位置づける。それによって，マーケティングデータを分析する者にとって必要な大局的視点を提供することを目的とする。そのため，まずマーケティングとはどのようなものかを理解することから始めよう。

1.1　マーケティングとは何か？

1.1.1　売れる仕組みとしてのマーケティング

　マーケティングとは何かを理解するとき，「販売」（セリング）との対比から出発することが近道である。例えば，あなたは家電量販店でビデオカメラの商品が店頭で派手に陳列され，店員が大声で安売りしている場面に出くわすかも

しれない。これは，いわゆる販売のイメージに近い。ここでの販売とは，一時的な価格切り下げや説得などにより，購買意欲を短期的に喚起する行為を指す。一方で，マーケティングは，このような短期的な目標達成のための技法とは異なるものとして理解されるべきである。すなわち，無理な押し売りをしなくても，顧客たちがビデオカメラを購入する理由（顧客のニーズ）や購買のパターンを理解することで，おのずと売れていくように働きかける企業の行為こそが，マーケティングと呼ばれるものである。

1.1.2　交換としてのマーケティング

　次に，もう少し抽象的に，マーケティングの本質を理解することを考えてみよう。そのためには，「交換」という言葉に注目することが有用である。交換は，AとBという二者の間で行われる。Aが求める何らかのもの（例えば，ビデオカメラ）をB（家電量販店）から手に入れ，その見返りとして，Aが何か（お金）をBに提供する行為を指す。この交換が成立するには，いくつかの条件が備わっている必要があるだろう。マーケティングとは，このような条件を作る諸活動であるといってもよい。例えば，交換しようとしているものは，Aにとって価値あるものである必要があるだろうし，Bはその価値をAに伝えなくてはならない。加えて，Aにとって出向きやすい場でなくては，その交換は成り立たないだろうし，交換対象の間で価値のバランスがとれていないと，交換の実現には至らない。この交換という言葉を使ってマーケティングを広く定義すれば，マーケティングとは「個人や組織が価値あるものを創造し，それを他者と交換することで，必要なものを獲得するプロセス」を指すといえる。このような広い見方に立てば，マーケティングの技法や考え方が適応できるのは，営利企業に限定されることはなくなる。政府や地方自治体，病院や学校，個人までも，マーケティングを利用できるのである。

1.2　マーケティング戦略の設計

1.2.1　マーケティング目標の設定

　次に，このようなマーケティングのとらえ方を前提としながら，マーケティ

ングを個別企業の視点から理解してみることにしよう。企業にとって，マーケティングとは，企業がもつ様々な手段や活動を組み合わせることで，目標を達成していく企業の行為として理解できる。その目標とは，売上，市場シェア，ブランド構築，顧客満足などによって設定される。これは，マーケティング目標と呼ぶことができるだろう。

このような目標は，マーケティングの担い手（主体）ごとに決められることになるだろう。例えば，個別製品がその単位となることもあるし，ブランド，事業，または企業全体が単位となることもある。営業所や個別店舗のような地域ごとに単位が設定されることもあるだろう。重要なポイントは，一貫したマーケティングの体系を作り出す主体ごと（例えば，ブランドマネジャー，店舗の店長など）に目標が決められていくことである。なお，このような主体のことは，戦略事業単位 (strategic business unit) と呼ばれることがある。

1.2.2 マーケティングミックスの枠組み

さて，企業のマーケティング担当者は，マーケティング目標を達成するために様々な手段や活動を用いる。この手段は，マーケティングミックスと呼ばれる。これは，製品 (product)，価格 (price)，プロモーション（販売促進）(promotion)，流通（チャネル）(place) の 4 つに区分され，その頭文字をとって 4P と呼ばれることが多い。インスタントラーメンを想定して，具体的にみてみよう。インスタントラーメンメーカーのマーケターは，どのようなラーメンの麺や味にするのか，容器のパッケージの色や形状をどのようにするのかについて決定したり，どのくらいの値段で販売したいのかも決める必要があるだろう。テレビ広告を用いることも，その範囲に入るだろう。さらには，コンビニエンスストアだけで販売するのか，スーパーマーケットでも販売するのかなども考慮する必要がある。このような様々な手段や活動こそが，マーケティングミックスである。

4P という枠組を知ることは，2 つの理由で意義がある[1]。第 1 は，様々な手段を容易に網羅できることである。マーケティングミックスには，細かくみていくと非常に多くの手段や活動が含まれる。例えば，販売促進のなかには，テレビ広告だけでなく，値引きや景品キャンペーンなども入る。また，インターネット広告など，新しい手段も次々と生まれている。この 4P の区分を知って

おけば，多様で広範囲におよぶマーケティング活動の抜け落ちをなくすことができる。いわばチェックリストの役割を果たすわけである。

　第2は，この枠組みを知ることで，マーケティングミックス間の統合性についての認識をもてるためである。多様なマーケティング手段や活動は，それぞれバラバラに計画，実行されてしまい，別個の活動の寄せ集めになってしまうことがある。これでは有効なマーケティングは展開できない。それに対して4Pという枠組みのもとで，マーケティングミックスの諸手段が一括して整理されれば，これらが共通の目標の達成のために相互に統合的に実行されるべき手段の集まりであることが理解できるだろう。

1.2.3　セグメンテーションとターゲティング

　さて，企業のマーケターが知りたいのは，どのようにマーケティングミックスを組み合わせれば，売上高などのマーケティング目標が達成できるのかについてであろう。それを知るには，市場環境や競争環境などの外部環境を把握し，その特性にうまく適応していくことが不可欠である。なぜなら，魔法の杖のような唯一の最適なマーケティングミックスは存在せず，どのようなマーケティングミックスが有効なのかは，マーケターを取り巻く環境によって異なるためである。

　そのような環境への適応を方向づける枠組みは，マーケティング戦略と呼ばれる。ここからは，マーケティング戦略の設計に含まれる，いくつかのステップを確認していく。最初のステップは，誰に対してマーケティングを展開していくのかを決定するセグメンテーションとターゲティングである。企業が，顧客との交換を成り立たせるには，何よりも顧客のニーズやウォンツを満たす必要がある。そこでの問題は，何が価値あるものかが，顧客それぞれによって異なることである。例えば，あなたはどのような理由で，カフェを利用するであろうか。ある人は講義や会議の空き時間を埋めるためにカフェを利用するかもしれない。また，別のある人は友人と会って何かの相談をするためにカフェを利用するかもしれない。このニーズやウォンツを満たすために提供されるものは市場提供物（製品やサービス以外の取引条件や付随サービスなども含む便益のすべて）と呼ばれるが，交換相手である顧客にとって価値ある市場提供物を

作り上げなくては，交換には至らない。

　このようなニーズの違いに対応するために必要となる企業行為が，セグメンテーションとターゲティングである。セグメンテーションとは，顧客らが有するニーズ（あるいは行動パターン）の違いに注目し，その違いに基づきながら，マーケティングミックスに対して同質的な反応をする顧客グループ（セグメント）を抽出することである。そして，そのセグメントのなかから，対象とする1つないしは複数のセグメントを選ぶことは，ターゲティング（ターゲット設定）と呼ばれる。企業がターゲットを決定するには，収益性，企業の目標，競争など，いくつかの要因が考慮されることになる。図1.1では，○が個々の顧客のニーズを表している。ある企業が顧客たちのニーズの違いに着目し，AからCの3つのセグメントを識別している。そのうち，セグメントBをターゲットとして選び，交換が実現される様子が示されている。

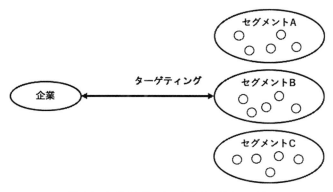

図 1.1 　セグメンテーションとターゲティング

1.2.4 　差別化とポジショニング

　ある企業がマーケティングの対象として特定のセグメントをターゲットに選ぶだけでは，マーケティング戦略の設計としては不十分である。ターゲットの設定に加えて，競合の存在を考慮したり，提供価値を明確にする必要があるからである。これが，差別化とポジショニングである。これらの2つのステップを順に説明していく。

　ある企業のマーケティングは，企業と顧客セグメントとの一対一の関係のなかで行われることはまれである。むしろ，多くの場合は，同じセグメントを狙う競合他社が存在するような，企業–企業–顧客という三者の関係のなかで行われる。この関係のなかにいるからこそ，企業は，他社に比べてよりよくニーズを充足する市場提供物を作り上げ，他社より好まれる方法で提供することで，顧客からの選択を勝ち取らなくてはならない。図 1.2 では，企業 A と B の 2 社が，同じセグメントに対してマーケティングを展開している姿が描かれている。

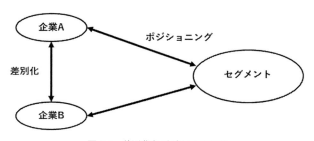

図 1.2　差別化とポジショニング

　このような図式のなかでは，差別化という考え方が極めて重要となる。差別化とは，ある企業がターゲットとしたセグメントに対して，自社が提供する市場提供物を，他社のそれとは異なるものとして認識させる行為，あるいはその状態を作り出すことである。差別化は，製品の特徴や性能だけでなく，形状やデザイン，イメージなどでも可能である。また，製品だけでなく，店頭の販売スタッフの専門知識やフレンドリーさによっても差別化できるだろう。

　企業が差別化を達成するには，差別化が可能な違いを挙げながら，その中から適切な差別化ポイントを選び出す必要がある。いずれの差別化ポイントを選んでいくのかは，顧客のニーズと合致しているのか，その差別化ポイントに収益性があるのか，競合と比べて独自性をもっており模倣されにくいのかなどの基準を用いることになる。

　さて，マーケターは，選択した差別化ポイントを前提としながら，自社の提供物が最大の優位性を獲得できるポジションを得ようとする。これがポジショニングである。その意味で，ポジショニングとは，競合と比べた差別化ポイン

トも含めた総合的な価値提案である。言い換えれば,「なぜ買わなくてはならないのか」という理由を顧客に示すことだともいえる。

　このような,顧客に対峙しながらの差別的優位性を創出することが,マーケティングにおける競争優位の確立にほかならない。価格以外に違いを認識されていない市場提供物はコモディティと呼ばれる。マーケターは,コモディティの状態から抜け出し,差別的な優位性を発揮することで,利益を削る価格競争から脱することができる。また,コモディティから脱すれば,顧客は競合の提供物にスイッチしにくいため,反復的な購入が期待でき,安定的な収益基盤を確立できることになる。

1.2.5　マーケティング戦略設計のステップ

　図 1.3 に示されるように,マーケティング戦略を設計するには,セグメンテーション (segmentation),ターゲティング (targeting) に加え,ポジショニング (positioning) について決定する必要がある。これらは,頭文字をとって STP 戦略といわれる。また,差別化についても決定する必要がある。

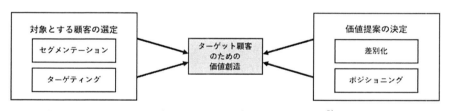

図 1.3　マーケティング戦略設計のステップ（コトラーら（2014）[2],p. 87 を修正）

　これらの決定は,ヒト,モノ,カネといった経営資源の配分に関わるものであるため,企業にとって大局的で長期的な視点を伴うものである。そのため,数あるマーケティングの意思決定のなかでも「戦略」としての決定に区分できる。一方で,マーケティングミックスの決定は,ある資源配分を前提としたなかでの,より具体的な実行レベルに関わるものなので,「戦術」的な決定であるといえる。例えば,あるブランドの広告表現や広告出稿スケジュールの決定は,戦術的な決定として位置づけられる。ブランドのターゲットやポジショニングに従う,実行レベルの決定だからである。

　なお，セグメンテーションとターゲティングは，対象とする顧客グループの選定に関わるものである[3]。その意味で，「誰に」価値を提供するのかを決定することである。また，提供価値を決定するという意味で，ポジショニングは「何を」を規定する。そして，提供価値の中身が決まれば，それに従って，「どのように」に関わる価値の提供方法が方向づけられ，実行レベルのマーケティングミックスが決まっていくのである。この節の冒頭で，マーケティングミックスは，個々の活動をバラバラなものとせず，統合的な手段の集合として認識すべきことを指摘した。ここでの言葉を用いれば，マーケティングミックスは，「誰に」「何を」という観点から総合される必要がある。

1.3　消費者の購買行動の分析とマーケティング戦略

1.3.1　消費者の購買意思決定プロセス

　先に述べたように，有効なマーケティング戦略を設計するには，企業を取り巻く環境，とりわけ市場環境の分析は欠かすことができない。顧客たちのニーズや購買行動のパターンを把握せずして，マーケターの目標の達成はできるはずもない。

　一般にいって，顧客という言葉は，購買決定を行う個人だけではなく，組織（例えば，企業が業務遂行のために資材を購買する場合もある）も含むものである。ここでは，前者の個人の消費者（購買だけでなく，使用もする人）を対象として，図 1.4 を参照しながら購買意思決定プロセスを理解していく。

図 1.4　消費者の購買意思決定プロセス（コトラーら（2014）[2]，p. 157 を修正）

　例えば，ある女性が，運動会における子供の姿を記録したいと考えたとしよう。離れた場所からの撮影も予想されるため，彼女は自分のスマートフォンでは十分ではないと思うかもしれない。このとき，この女性は何らかの欠乏を感じている。このように消費者が問題やニーズを感じた状態から購買行動は始まる。これはニーズの認識と呼ばれる。

　もし彼女が，この種のニーズがビデオカメラというウォンツによって充足されると考えれば，ビデオカメラに関する情報を集めるだろう。例えば，友人にどのブランドのカメラを使っているかを聞いたり，クチコミやメーカーのウェブサイトを確認するかもしれない。また，過去に使ったことがある家電製品の経験から，特定の会社の名前やブランド名を思い出すかもしれない。つまり，消費者は必要に応じて，関連する情報を様々な情報源から取得するのである。これは情報探索と呼ばれる。

　続いて，彼女はいくつかの候補のブランドのなかから，自分にとって最もよい対象を選び出し，それらの代替案を自らの評価基準に従って評価していくことになる（代替案の評価）。例えば，価格，重さ，デザインや色，バッテリーの継続時間などが，ビデオカメラを評価するときの基準になるだろう。そして，彼女は最終的に，もっとも高い評価をもつ製品を購買するわけである（購買）。

　彼女は，購入したビデオカメラを実際に運動会で使用するだろう。そのとき，このカメラはよかった，期待以上だったというような購買後評価をするであろう。このような購買後評価もマーケターにとって極めて重要となる。第1の理由は，次への購買へとつながることがあるためである。消費者は，最初から代替案の評価をするのではなく，過去の経験の評価を思い出すことで，そのまま購買に至ることがある。第2に，購買後評価は，ポジティブ・ネガティブなクチコミとして現れることがあるためである。とりわけ，インターネット環境の普及により，オンラインのクチコミに配慮する重要性が高まっていることは間違いないだろう。

1.3.2　代替案の評価

　代替案評価は，マーケティング戦略の設計と深く関わるため，ここで詳細に説明しておく[4]。そもそも消費者の代替案評価は，世の中にあるすべてのビデオカメラを対象として行われるのではない。消費者は，事前に知っていた製品や，店舗で初めて出会った製品のなかから，少数の対象だけを選び取って，真剣に検討することになる。このような製品の集まりは，考慮集合と呼ばれる。マーケティングの競争は，この考慮集合に入った製品の間で行われている。その意味で，もし，自社の製品が消費者の考慮集合に入っていなければ，競争の

土俵にも乗っていないわけである。

　消費者の評価は，製品の客観的な特徴ではなく，その特徴についての主観的な理解に基づいてなされる。図 1.5 では，その様子が図示されている。図によれば，消費者は多様なビデオカメラの特徴の一部に注目し，それぞれの製品（□によって表現されている）を，性能（バッテリーの持続時間など）と経済性（価格）という 2 つの観点から主観的に理解している。この図は知覚マップと呼ばれる。この図では，消費者たちは，性能と価格という 2 つの次元によってビデオカメラを知覚していることが示されている。製品 a は高性能ではあるが価格が高く，製品 c は性能としてはあまり優れていないが低価格である。製品 b はその中間の特徴をもつものとして理解されている。

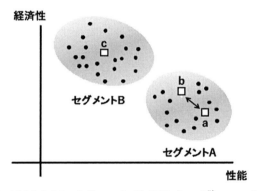

図 1.5　ビデオカメラの知覚マップの例（田村（1998）[5]，p. 85 を修正）

　さて，消費者は自分自身のニーズに従って，ビデオカメラを評価するであろう。そのニーズは，図 1.5 の黒丸（●）によって表されている。これは理想点と呼ばれる。理想点は消費者のニーズを表す 1 つの方法である。消費者のニーズは，性能を重視するのか，より安さを重視するのかによってそれぞれ違っているので，この点は様々な場所に散らばっている。

　それぞれの消費者にとって，この理想点にもっとも近い製品が，自身のニーズをもっともよく満たすものである。そのため，理想点に近い製品が，もっとも高い評価をもつことになるわけである。

1.3.3　代替案評価とマーケティング戦略の設計

　知覚マップを用いると，STP や差別化といった各ステップの分析が可能となる[4]。図 1.5 によれば，多少価格が高くても，性能がよいカメラを理想とする消費者グループを見定めることができる。先に説明したように，このような類似したニーズを共有する消費者グループはセグメントと呼ばれる。これをセグメント A とすると，製品 a はこのセグメントをターゲットとして市場に導入されていると考えられる。

　もし，あるマーケターが，セグメント A をターゲットとし，新製品のカメラ（製品 b）を導入しようと計画していたとしよう。いうまでもなく，ターゲットとされたセグメント A が望むニーズは，製品 a が満たしているニーズと比較的類似しているため，そのマーケターにとって製品 a は脅威であり，競争相手となる。そこで，製品 b を製品 a とは異なるものと識別させる差別化が必要となる。そのため，マーケターは，差別化が可能となるような知覚マップ上の特定の位置を獲得するようにポジショニングしていくのである。

　また，この知覚マップには，セグメント A 以外に，もう 1 つの理想点の集まりとして，セグメント B を見つけることができる。これは，セグメント A に対して，性能はあまりよくなくても安い価格の製品が欲しい消費者の集まりであるとみることができる。もし，あるマーケターが，セグメント B を標的とした製品 c を開発し，それをセグメント B にポジションできれば，そのセグメントによって選択される可能性が高くなるだろう。これは，差別化なしでのポジショニングの例である。この例から理解できるように，差別化とポジショニングは別の概念である。

1.4　マーケティング意思決定とマーケティングデータ

1.4.1　マーケティング情報システムとは何か？

　次に，企業のマーケティング行為において，マーケティングデータは，どのように収集され，どのような役割を果たしていくのかを確認する。大局的な視点を見失わないため，マーケティングの全体像のなかで，その役割をとらえていく。

　図 1.6 が示すように，マーケティングをとらえる基本要素は，2 つに分けることができる[5]。企業内部の「意思決定プロセス」と，企業外部の市場における「取引プロセス」である。マーケティングは，この 2 つのプロセスの間での循環サイクルからなるものである。1.1.2 項において，交換という言葉を紹介したのを思い出して欲しい。この図から，企業と市場が向き合って交換している様子がイメージできるであろう。

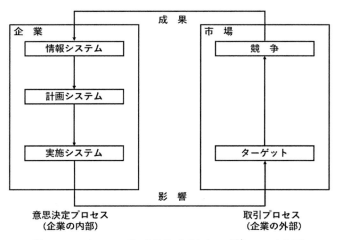

図 1.6　マーケティングの全体像（田村（1998）[5]，p. 5 を修正）

　それぞれの要素を順に説明していく。第 1 は，企業内部の主体的な意思決定プロセスである。マーケターは，課された目標を達成するべく，セグメンテーション，ターゲティング，ポジショニングなどの計画を策定していく。続いて，この戦略的な計画に従いながら，マーケティングミックス（製品，価格，広告，流通など）に関する戦術レベルの詳細を決定していく。これらを計画システムと呼ぶことにする。この計画システムに含まれるステップを概観してきたのが 1.2 節であった。

　次に，この計画に従い，ターゲット顧客や流通業者に対して影響を与えるように働きかける。このような活動は，実施システムということができる。消費者が目にするオンラインの広告や店頭の陳列などは，この実施システムの具体

例である。

　第2は，企業外部の取引プロセスである。マーケターが，市場における競争相手と争いながら，ターゲット顧客に働きかけて市場提供物の交換を目指すのが，取引プロセスである。例えば，コンビニチェーンのマーケターは，品揃えや販売促進などの様々な働きかけによって，競合チェーンではなく自らのコンビニチェーンを選んでもらえるように顧客に促している。このような一連の顧客をめぐる競争こそが取引プロセスが指すものである。1.3節では，この取引プロセスを，顧客側の視点から理解するため，消費者の購買意思決定プロセスについて説明してきたわけである。

　企業のマーケティング活動の実施は，常にマーケターの思惑どおりの成果に結びつくわけではない。顧客はマーケターの意のままに反応するとは限らないし，同じターゲット顧客を狙ってくるライバル企業の存在もあるからである。ただし，マーケターは，このような不確実な状態に甘んじているわけにはいかない。マーケターは，目標を達成しようと，自らのマーケティング活動を省みたり，将来のマーケティング活動を構想し，計画へと反映させていく。

　そのためにマーケターに必要なのが，市場に関する情報である。マーケターは，市場の情報を手がかりとしながら，計画を見直し，さらには新しいマーケティングの実行パターンを生み出していくのである。図1.6における情報システムとは，マーケティング意思決定の質を高めるために必要な情報を収集し，分析し，評価する仕組みにほかならない。

1.4.2　マーケティング意思決定における情報の役割

　それでは，マーケティング情報が利用されることによって，なぜマーケティング意思決定の質は向上するのだろうか。ここでは，3つの観点からその役割を確認する[6]。

　第1は，マーケティング戦略や活動を選択する基準が提供できるからである。例えば，あるスーパーマーケットが買い物客の来店頻度を高めることを目標として掲げたとしよう。そして，何らかの商品の値引きキャンペーンによって，その目標を達成しようと考えるかもしれない。このとき，商品別の来店頻度を顧客の購買履歴データから算出すれば，どのような商品を対象とするかを決め

られるかもしれない。データによって，値引きプロモーション活動のあり様を選択する基準が与えられるのである。

第2は，新しいマーケティング活動を創造することを支援できるためである。マーケターは，これまでにない新しい活動を次々に構想していかなくてはならない。このとき，注目する情報が決まれば，やみくもに新しい方向性を探る必要はなくなり，探索の範囲を限定できる。例えば，スーパーマーケットのマーケターが来店頻度に注目し，それを高めることによって売上の向上を目指すことが決められたとしよう。このとき，何も手がかりがないときと比べて，マーケターの思考はかなり絞られ，売上向上のためのアイデアは出やすいだろう。

第3は，組織のメンバーが行動する基盤を提供するためである。マーケターは，マーケティング計画とその実行を，一人でするのではない。通常は，多くの人たちが関与する組織として行うことになる。そのためには，何を行動の目的にするか，どのような情報によって行動するのかが組織内で決まっていることが望ましい。マーケティング情報の利用に関しての組織的な合意があることは，組織としてのマーケティング活動を生み出す基礎となるからである。例えば，そのスーパーマーケットのチェーン内で週あたり平均来店回数が重要な情報であることが合意されていれば，この数値を高めるための行動を実行に移すことは比較的容易になる。

1.4.3　マーケティングデータの種類

マーケターは，市場から様々なマーケティングデータを獲得することでマーケティング情報として利用する。そのデータの種類は，図 1.7 のように，マーケティングの全体像と関連づけて理解することができる[6]。

図 1.7 に示すように，そのデータの種類は 3 つに大別することができる。第1は，成果プロセスについてのデータである。個別の顧客による購買行動の結果は，その 1 つ 1 つが積み上がり，市場全体への集合的な成果プロセスのデータとなっていく。売上高，市場シェアなどが，このプロセスについての代表的なデータである。マーケターは，このデータを自らの目標と比較して，成果を確認する。

マーケターは，この成果プロセスのデータを集計された値としてだけで眺め

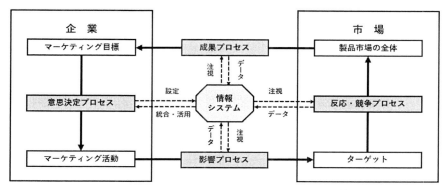

図 1.7 マーケティングの全体像とマーケティングデータ (田村 (2010)[6], p. 6 を修正)

るわけではなく，個別顧客の取引プロセスや個々の下位市場に分解することがある。例えば，全売上が，どの製品によって構成されているかを明らかにするため，製品カテゴリ別に売上を分解する。あるいは，ブランド，地域，時期，顧客の性別や年齢ごとに分けて売上を確認することもある。マーケターは，このデータをもとにして，マーケティング活動に費やすヒト，モノ，カネといった資源の配分を，顧客間，製品間，地域間といった区分でいかに配分するべきかの指針を得ることができる。

　第2に，マーケターは，マーケティングミックスが計画通りに実行されているのかにも注意を払う。これは影響プロセスのデータと呼ぶことができる。例えば，マーケターは，何人がその広告をみたのか（リーチ），何度その広告をみたのか（フリクエンシー）などの実行プロセスを注視する。また，流通については，その製品カテゴリのすべての取り扱い店舗数のうち，自社製品がどの程度の数の店で取り扱われているのか（取扱店比率）などに関心を払う。

　第3に，反応・競争プロセスのデータである。マーケターは，影響プロセスと成果プロセスとの間の媒介的位置にあるデータも得ようとする。このデータから，マーケティング活動の成果を安定的に獲得するための指針が得られるからである。例えば，マーケターは，顧客数，購買意思決定の段階（評価や選択など）や顧客満足，ブランドエクイティ（製品力を超えたブランド名がもつ価値）についてのデータを把握することがある。満足度やブランドエクイティを測定し，それを維持・向上させる実行策を把握できれば，それがないときと比

べて，望むような成果を得られる可能性は高まるであろう。

1.5　マーケティングにおけるデータ収集と活用

1.5.1　マーケティングリサーチ

　では，このようなデータはどのように集められるであろうか。例えば，ある
マーケターが，新しいテレビ広告の計画を立てており，どのテレビタレントを起
用すべきかについて悩んでいたとしよう。そのとき，どのタレントがターゲッ
ト顧客に好まれているのかについて消費者調査を実施するかもしれない。

　これは，マーケティングリサーチによるデータ収集であると考えられる。マー
ケティングリサーチとは，マーケティング状況の理解やマーケティング課題の
解決に寄与するために，データを体系的に設計することで収集し，分析し，報
告することを指す[2]。

　マーケティングリサーチについての詳細な記述は，専門のテキストに譲るし
かないが，リサーチのプロセスを簡単にいえば，4つのステップを識別するこ
とができる。すなわち，リサーチの企画立案（リサーチ目的を確認し，リサー
チの設計をする段階などを含む），データの収集，データの分析，そして，結果
の報告である。この標準的なステップから理解できるように，マーケティング
リサーチでは，マーケティング課題ごとに計画が立案される。つまり，マーケ
ティングリサーチは，ルーティン化していないマーケティング課題の解決に向
けられるものだと考えられよう。

　なお，例として出したテレビタレントの好感度調査のように，マーケターが
ある特定の目的のために，新しく収集するデータは，1次データと呼ばれる。こ
れに対して，すでに実施済みの好感度調査のデータを利用することもあるだろ
う。このデータは，2次データと呼ばれる。これは，当該マーケターのそれと
は別の目的で収集されているデータのことである。自社の製品の販売データ，
自社のウェブサイトの閲覧履歴，公的機関によって収集され，公開されている
データは，2次データの例である。

　マーケターは，2次データを活用してマーケティングリサーチを実施するこ
ともできる。2次データは，目的に見合わなかったり，すでに収集されてから

時間が経過してしまっていたり，正確さに欠けていることもあるので，その取り扱いには注意が必要である。しかし，1次データと比べて迅速に，安価に手に入れられることが多いため，マーケターにとっての重要性は極めて高い。

このテキストで取り扱うデータは，主に2次データである。本書で利用する焼肉チェーン店の売上データやスーパーマーケットのPOSデータは，そもそもマーケターの分析のためだけに収集されているデータではない。また，2章で紹介される消費者購買データのスキャンパネルデータも，調査会社によって収集されているデータであり，個別の企業のためだけのデータではないため，2次データとみなせるだろう。なお，本書で取り扱われるデータについては，2章で詳説される。

1.5.2 マーケティングメトリクス

マーケターは日常的にいくつもの意思決定に迫られているものの，時間と費用の制約から，すべての決定においてマーケティングリサーチを実施することはできない。だからといって，マーケターは，経験や勘だけに頼っていては有効なマーケティングは実施できない。そこで近頃のマーケターに求められているのが，継続的にマーケティングデータを集めておき，意思決定に利用することである。データベースマーケティングやデータドリブンマーケティングなど，データを用いたマーケティング意思決定が強調されてきているのは，このような文脈によるものである。

マーケティングの意思決定に関する判断や評価に利用される数量化された指標は，マーケティングメトリクスと呼ばれる[6]。マーケターは，様々なメトリクスを獲得し，活用することで日々の意思決定の質を高めることができる。

マーケターは，マーケティング成果，活動の実施状況，顧客の反応や競争の状態を複眼的に追跡し，メトリクスを統合的に利用する。このことにより，問題を早期に発見したり，問題の解決策を見つけ出したり，迅速かつ的確にマーケティング活動を実行できる。

自動車の運転の例を用いて，このメトリクスの活用についての理解を深めておこう。ドライバーは，車のカーナビから示される現在位置や目的地までの時間，あるいは，運転席前面のダッシュボードに表示されるスピードや燃料の量

などをみることで，安全に目的地まで車を運転する。マーケターは，車のドライバーのように，ダッシュボード付近の種々の指標（メトリクス）を確認することで，日常的で頻繁に起こるマーケティング意思決定を的確にコントロールし，目標の達成まで導くのである。

1.5.3　マーケティングデータの活用

　最後に，マーケティングメトリクスを想定しながら，マーケティングデータの活用についても簡単に触れておく[6]。マーケターは，データを統合し，分析することで，マーケティング意思決定の質を高めるための指標を獲得できる。そのうちの主たる方法は，反応・競争プロセス内のデータ間の関係や，影響プロセスと成果プロセスのデータ間の関係を分析して得られるマーケティングに関する関連知識である。

　その例として，売上高に占める広告費比率とブランドの認知率との関係を挙げることができる。この分析からは，広告費をどの程度投入すれば，どのくらいの認知率が得られるかがわかるであろう。また，この知見を拡張して，広告費比率をブランド評価や購買意図などのほかの購買段階と関連づけることもできる。この関係知識に基づけば，どのくらいの広告費を広告に拠出すればどの程度売上が見込める，といった広告の投資効果も把握することができるだろう。

　注意すべきなのは，現実のマーケティングでは，顧客の行動や競争環境が目まぐるしく変化するため，データ分析で得られた関連知識が安定的に利用できるとは限らないことである。そのため，マーケターやデータ分析者は，情報の鮮度の維持・向上を常に心がけなくてはならない。影響プロセス，反応・競争プロセス，成果プロセスのデータを可能な限り正確に，早期に把握するよう努力すべきである。また，マーケティングの関連知識を，常に改定する可能性を意識しておくべきだろう。

　もちろん，マーケターが用いるメトリクスが適切なものでないと，有効なマーケティング活動は実施できない。そのために，メトリクスを取捨選択し，情報基盤を整備していく必要がある。現状の情報技術やマーケティング技法の進展度合いからみて，現状のメトリクスが時代遅れのものとなっていないか，企業が目指しているマーケティング戦略の方向性とメトリクスがあっているのかな

どを常に把握しなくてはならない。

1.6　マーケティングデータの活用に向けて

さて，冒頭の例に戻ってみよう。その例であなたは，ポイントを10倍にするキャンペーンの対象商品を選定したいマーケターを，データ分析によって助けようとしていた。あなたは，すでに，このデータ分析課題を大局的な視点で眺め，アイデアを創出することができるかもしれない。このキャンペーンの実行のあり方は，全体のマーケティング戦略（ターゲットやポジショニング）と整合的であるべきだろう。あなたは，勤務先のチェーンが，過去にこのようなキャンペーンを実施したことがなければ，時間や費用の制約を加味しながら，マーケティングリサーチの実施を提案することもできる。あるいは，このチェーンが，このようなポイントキャンペーンを継続的に実施していく予定なのであれば，このプロモーションの効果を把握するための複数のメトリクスの設置と活用を提案することもできる。このように，データ分析者に必要なのは，データ分析そのものの能力だけではない。個々のデータ分析の課題がマーケティングの全体像やマーケティング意思決定と，いかに関連しているのかを把握する能力もあわせて求められる。ただし，このような大局的なマーケティングの視点は，一朝一夕に身につくものではない。マーケティング実務のなかでいかなるマーケティングデータ分析が求められるのか，分析結果がどのように意思決定に活用されるかについて関心をもち続け，日々習熟していく必要があるだろう。

章 末 問 題

ある年の4月，ある大学のテニスサークル（月に1，2回の頻度で活動する，楽しい雰囲気でテニスをするサークル）のメンバーたちは，新学期が始まるにあたり，10名程度の新入生に加入してもらおうと考えていた。このサークルの新入生勧誘活動を，このサークルのマーケティングとしてみなし，以下の4つの問題について答えよ。

(1) このテニスサークル（の既存のメンバー）とサークルに加入する新入生は，何を交換しているといえるか。

(2) 新入生勧誘のマーケティングにとって，どのようなセグメントが想定できるか。また，このサークルにとってのターゲットとポジショニングを規定せよ。

(3) このサークルのマーケティングミックスとして，どのような手段や活動を想定することができるか。

(4) このサークルの新入生勧誘のマーケティングにおいて，どのようなマーケティングデータを想定することができるか。

文　　　　　献

1) 石井淳蔵，嶋口充輝，余田拓郎，栗木契（2013）．ゼミナールマーケティング入門　第2版．日本経済新聞社．

2) コトラー，P.，アームストロング，G.，恩蔵直人 (2014)．コトラー，アームストロング，恩蔵のマーケティング原理（上田典子，丸田素子訳）．丸善．（原著：Kotler, P. and Armstrong, G. (2014). *Principles of Marketing, 14th Edition, Pearson Education.* Pearson）

3) 池尾恭一 (2016)．入門・マーケティング戦略．有斐閣．

4) 青木幸弘，新倉貴士，佐々木壮太郎，松下光司（2012）．消費者行動論　マーケティングとブランド構築への応用．有斐閣．

5) 田村正紀（1998）．マーケティングの知識．日経文庫．

6) 田村正紀（2010）．マーケティング・メトリクス　市場創造のための生きた指標ガイド．日本経済新聞社．

Chapter 2

マーケティング分析のためのデータ

本章ではこれから利用する3種類のデータについての説明と，データ収集企業の取り組みや活用について紹介する。1つ目は，株式会社マクロミルが保有するスキャンパネルデータである。スキャンパネルデータは，パネルと呼ばれる自社モニターから収集した購買履歴データである。2つ目は，株式会社光洋が保有する POS データである。これは，スーパーマーケットチェーンの店舗ごとに管理されたデータであり，同一チェーン店以外のデータは入手できないため，他チェーン店の購買情報はわからないが，同一チェーンの店舗ごとであればレジを通過する単品すべての購買情報が把握できる点が特徴である。3つ目は，株式会社肉のオカヤマが経営する焼肉 神戸岡本 福牛が保有する POS データである。このデータは焼肉店の POS データであり，テーブル単位のオーダーが記録されており，単品単位の購買データと注文の順番が把握できることが特徴である。3.1 節では焼肉データ，5.3 節では光洋の POS データ，それ以外ではスキャンパネルデータを利用した分析を行っている。

2.1 消費者購買履歴データ QPR

2.1.1 QPR の概要

消費者購買履歴データ QPR™(Quick Purchase Report) は，全国約3万人の購買動向をとらえるパネルデータベースである。パネルデータとは，同一の対象（個人，地域，事業所など）を，継続的に観察するデータを指す。様々なパネルデータが存在しているが，主なパネルデータとして，ビデオリサーチ社が提供するテレビ視聴率データや，全国の小売店をパネル化したインテージ社の販売データ (SRI) が挙げられる。マクロミル社が提供する QPR は消費者をパ

ネル化し，消費者に日々の購入した商品の情報を送信してもらうことで，購買
情報を蓄積している。詳細は以下のとおりである。

【QPR 調査設計】
- 対象者：15～69 歳男女個人（※ 60 代に一部 70～75 歳を含む）
- 対象地域：全国（沖縄県を除く）
- サンプルサイズ：約 3 万人
- 対象商品：バーコードがついている全商品

■ **QPR モニタについて**　　QPR モニタはマクロミル社のアンケートモニタ
を募集母体としており，2011 年 7 月から沖縄県を除く全国約 3 万人でパネル
構築・運用している。国勢調査および人口推計に基づき，日本の人口縮図とな
るようにエリア × 性年代構成のパネルを設計している。QPR モニタは日々の
購入した商品の情報を送信することに協力することでポイント（報酬）を得て
いる。

■ **購買情報の収集について**　　購買情報は QPR モニタから携帯型バーコード
スキャナ（図 2.1）または専用スマートフォンアプリ（図 2.2）を利用して収集
している。QPR モニタはスーパー，コンビニエンスストア，ドラッグストア，
駅売店，自動販売機，インターネット通販などにおいて買い物をした後に，購
入した商品（食品，飲料，化粧品，生活用品など）についているバーコードを携
帯型バーコードスキャナまたは専用スマートフォンアプリで読み込む。図 2.3
は，QPR モニタが端末によってスキャンするシーンを示している。その後，イ
ンターネット経由でデータ送信を行う。

図 2.1　携帯型バーコードスキャナ　　　図 2.2　専用スマートフォンアプリ

図 2.3　スキャンの様子

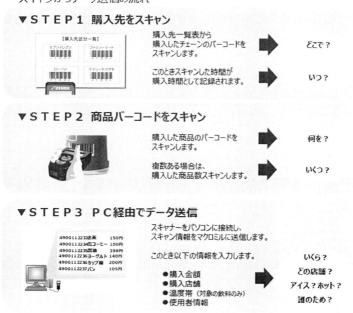

図 2.4　QPR モニタの活動の流れ

　図 2.4 は，モニタの一連の活動を示している。これにより「購入者の属性情報」「スキャン日時」「購入先」「商品 JAN コード」「購入個数」「購入単価」などの日々の購買情報が蓄積される。

　本書で利用できる QPR データの項目名とその説明を表 2.1 に示す。

表 2.1　QPR データの項目一覧

モニタ	QPR モニタ
日付	2013 年 6 月 1 日〜2014 年 5 月 31 日
購入先区分送信 ID	購入先を区別する ID（9,089 種類）
店舗	購入店舗 ID（93 店舗）
業態	業態 ID（4 種類）
商品	商品 ID（44,354 種類）
購入数量	1 商品あたりの数量
単価	1 個あたりの金額
金額	購入数量×単価
都道府県	モニタの居住地　0：東京
メーカー	メーカー ID（4,143 種類）
大分類	JICFS 大分類（5 種類）
中分類	JICFS 中分類（25 種類）
小分類	JICFS 小分類（177 種類）
細分類	JICFS 細分類（693 種類）
性別	1：男性，2：女性
年代	3：20〜24 歳，4：25〜29 歳，5：30〜34 歳，6：35〜39 歳，7：40〜44 歳，8：45〜49 歳，9：50〜54 歳，10：55〜59 歳，11：60 歳〜
未既婚	1：未婚，2：既婚
メイン買物担当者	0：メイン買物担当者でない，1：メイン買物担当者である
乳幼児有無	0：いない，1：いる
小学生有無	0：いない，1：いる
中高生有無	0：いない，1：いる
大人有無	19 歳以上の子供の有無　0：いない，1：いる
老人有無	61 歳以上の老人の有無　0：いない，1：いる
曜日	日，月，火，水，木，金，土
大分類名	JICFS 大分類（5 種類）
中分類名	JICFS 中分類（25 種類）
小分類名	JICFS 小分類（177 種類）
細分類名	JICFS 細分類（693 種類）
店舗名	購入店舗名（93 店舗）
業態名	コンビニエンスストア，スーパー，ホームセンター，ディスカウントストア，薬粧店・ドラッグストア

2.1.2　QPR の特徴と活用シーン

　世の中には様々なデータが存在し，マーケティングに活用されている。そのなかで QPR に代表される消費者購買データの大きな特徴は，マーケティング分析を行うために設計されて収集しているデータであるという点である。

　表 2.2 は 3 種類のデータの特徴を示している。小売店の POS データやカード会員データ (ID–POS) データと比較して属性情報を豊富に取得しているため，人に紐づく様々な分析が可能となっている。また，モニタから購買情報を収集

表 2.2 主な販売・購買パネルデータと特徴

項目	POS データ	ID–POS データ	消費者購買データ
データ収集	レジ通過時に読み取られたデータ	会員カードを使って購入したデータの蓄積	商品購入時にバーコードをスキャンしたデータ
対象商品	データ提供チェーンで購入した商品すべて	会員カードを利用して購入した商品すべて	バーコードがついているものすべて
データ量	膨大（アイテム単位まで集計可能）	膨大（アイテム単位まで集計可能）	多い（カテゴリ単位で集計可能，アイテム単位は限定的）
対象者	購入者情報なし	会員カード利用者	全国の人口構成に基づくモニタ
属性情報	なし	基本的に性年代のみ	性年代，未既婚，職業，年収，住居形態，家族構成，その他ライフスタイル
チェーン	データ提供チェーンのみ	データ収集チェーンのみ	全業態

していることから，特定の小売店・チェーンによらない全業態の購買データが得られている点も特徴である。そして，データ送信時に「誰のために買ったか？（自分，共有，自分以外）」という情報も得ていることから，購買者と使用者の関係を把握することが可能である。上記のような特徴を踏まえて，「いつ」「どこで」「誰が」「何を」「いくつ」「いくらで」「誰のために」購入したかがわかるデータとなっている。さらに，QPR モニタはアンケートモニタでもあることから，意識調査を実施することができ，健康意識や食意識，美容意識，生活価値観などパーソナリティをとらえるために必要なデータと購買データを紐づけて分析することも可能である。

　一方で，POS データや ID–POS データと比較するとデータ量は小さくなる。3 万人規模のデータのため決して小さなデータではないが，POS データや ID–POS のような膨大なデータであれば分析可能な「アイテム単位」の分析が購入者数の問題で難しい場合がある。

　このように人に紐づき，マーケティング分析を行うために設計され収集しているデータであるため，多くの食品・飲料メーカー，日雑品メーカーが商品開発，マーケティングの計画や効果検証のために日常的に用いている。具体的には，間口奥行き分析（購入率と購入者あたりの構造分析），属性構成分析，購入先分析，併買分析，購入量層分析，ブランドロイヤルティ分析，ブランドおよび業態スイッチ分析，新規購入者のトライアル&リピート分析などを行い，自

社ブランドと他社ブランドを比較する，エリア別に比較する，時系列で比較することなどで自社のマーケティング戦略立案・検証するためのデータとして活用している。

　実際のデータは購買データ，商品マスタデータ，属性データの3種類が存在し，属性IDと商品マスタを紐づけることで分析ができるが，マクロミル社では独自のオンライン分析ツール (QPR–TRACE) を提供しており，契約企業は契約カテゴリに関して上記のような分析をリアルタイムに出力することができる。

2.1.3　QPR の開発背景と今後の展開

　マクロミルが QPR を構築した背景には，100万人を超えるアンケートパネルを保有して消費者調査の提供をしていることがある。企業はマーケティング戦略を立案・検証するにあって，アンケートを中心とした WEB 定量調査を活用しているが，インターネットが普及していくなかで WEB 定量調査の活用が進んできており，現在では日本のマーケティングリサーチにおいてメインで利用される手法となっている。

　企業は定量調査を用いて消費者の実態や意識把握，コンセプトの受容性を確認する前の段階で，販売データや購買データといった事実データを分析し，市場ボリュームや自社のシェア，誰がどのように購入しているのかを確認している。マクロミルが購買データ市場に参入する以前は，主婦がベースで，パネル規模も1万人に満たない購買データが展開されていたが，主婦だけでなく男性を含めた個人購買が増えるなかで，企業側から大規模な個人購買データのニーズが大きくなっていた。こういった状況で，マクロミルとしては，100万人を超えるアンケートパネルを保有していることから，このニーズに応える形でより規模の大きな購買データパネルの開発を行うことに至った。

　3万人規模の個人購買データを提供することにより，企業は購買データを分析したうえで，ターゲットや購買状況を踏まえた仮説を明確にし，WEB 定量調査を実施できるようになった。また，これまでよりも安価に購買データの提供を行ったこと，企業側がデータドリブンにマーケティングしていく流れが加速したことで，これまで購買データを活用していなかった企業の購買データ活用が進むとともに，すでに導入していた大手企業でも周辺市場を含めた幅広い

購買データの活用が進んだ。

　QPR の全国データの蓄積も 10 年近くとなり，これまでの消費税の増税や新型コロナウィルスによる影響の変化，そして今後の社会環境変化を，長期間において分析できるようになってきている。今後は長年データを蓄積してきたことによって，購買データの価値はさらに上がっていくだろう。マクロミルとしては，QPR データの継続的な蓄積に加えて，ほかのデータ（デジタル領域など）を掛け合わせたデータの構築を進めている。スマートデバイスの進化により，様々なデータが取得できる世の中になってきているが，データの扱い方が複雑かつ難易度が上がっているなかで，一般性が担保された QPR データを軸にして，正しく FACT をとらえることができる世の中を牽引していきたいと考えている。

　また，マクロミルとしては，蓄積された購買データを様々な形で利活用してもらうため，大学や学生向けにこの QPR データの提供を積極的に行っている。既存のデータコンペへの提供に加え，近年ではマクロミルが主催し，大学生・大学院生を対象としたマーケティング戦略立案コンテスト「EDGE（エッジ）」の実施などを行っている [1]。企業も巻き込んで具体的なマーケティング課題を提示し，QPR データやその他意識調査データを提供したうえで，学生がデータを分析，課題を特定し，マーケティングプランを組み立てるコンテストで，学生に対してより実践的な場を提供している。この本を読んだ学生の皆さんも，データが企業活動のなかでどのように活用されているのか，データとアイデアをどのように行き来しているのかを体感するよい機会になるであろう。

2.2　スーパーマーケットの POS データ

　本書で利用するデータの 2 つ目は，株式会社光洋が収集するスーパーマーケットの POS データで，5.3 節のヨーグルトを対象にした価格設定に関する分析で利用している。光洋は「良質なスーパーマーケット」を作り上げることを目指して，京阪神地区を中心に 80 店舗（2021 年 2 月現在）を運営している。

---

[1]　https://www.macromill.com/s/edge/（2021 年 5 月 25 日アクセス）

2.2.1　POS データの基本情報

スーパーマーケットの重要なデータの 1 つは，商品が購入されたときに得られる POS（point of sales の略で，「販売時点情報管理」の意味）データである。売場面積にもよるが，スーパーの店頭には約 10,000 種類以上の商品があり，その商品の大きさ（例えば，大根 1 本と 1/2，1/3 では違う商品），味（オレンジ味，メロン味などのフレーバーの違い）なども区別した単品 SKU (stock keeping unit) 単位で管理される。POS で得られるデータは，「いつ（年月日・曜日・時間）」「どこ（店・地域・e コマース）で」「何を」「何個」「いくらの金額で」「誰が（会員カードを提示した場合）」「どのような手段（現金・電子マネー・クレジットカード・その他など）で」購入したかなどの情報である。

会員情報や，購入手段などのデータの中でも個人情報にあたるものは，機密性が高く法律の規制もある。そのために，厳重なセキュリティのもとで管理されており，そのままのデータを分析に利用することはできない。したがって，企業により異なるが，そのデータは個人情報が特定できないように処理された ID–POS データとして扱うことが多い。

本書で利用するスーパーマーケットの POS データは，2018 年 1 月 1 日〜12 月 31 日までの 1 年間で，プレーンホームヨーグルトの購買に限定しており，商品名が具体的に特定できないように Y1 から Y13 までの記号に置き換えている。また，練習問題で利用するために牛乳に限定したデータも利用できる。図 2.5 にデータの一部とその項目名を示す。データの 1 行は 1 回のヨーグルトの購買で，複数個購入した場合はその数が売上数量に記載されている。また売上額は売上数量と単価の積で計算される。

	小分類コード	小分類名	商品名	売上数量	売上額	売上日	曜日	レジ番号	レシート番号	売上時間	単価
0	180201	プレーンホームヨーグルト	Y1	1	247	20180129	月	103	57582	134700	247.0
1	180201	プレーンホームヨーグルト	Y1	1	222	20180410	火	101	49854	111800	222.0
2	180201	プレーンホームヨーグルト	Y1	1	123	20180608	金	101	78436	190600	123.0
3	180201	プレーンホームヨーグルト	Y1	1	247	20181123	金	102	5236	102800	247.0
4	180201	プレーンホームヨーグルト	Y1	1	247	20180217	土	101	28748	164100	247.0

図 2.5　POS データ抜粋

2.2.2 POS データなど多様な業務データの活用

レジの POS データからわかる売上高，販売数，客数，客単価などの販売データ，商品を発注し納品することによってわかる仕入高，仕入原価などのデータ，チラシ広告などの値引き数，値引き高などがわかる販促データ，そして，賞味期限切れや傷みなどによる廃棄数や廃棄高がわかるデータなど，販売に関する様々なデータが蓄積される。

これらのデータを連携させることにより，在庫数，在庫高を素早く計算し把握することができる。そしてそこから理論上の粗利益高が導き出される。実際の利益は，店頭にある商品を実際に数える棚卸しにて確定される。

さらに従業員の出勤状況などの人事データから計算される人件費に加え，電気代，水道代，家賃や陳列什器などのレンタル費のような経費データなどがある。これらのデータを利用し営業利益を推定する。そして，その利益が最大になるよう多くの数値データをそれぞれ経営方針に基づきコントロールすることが，経営である。

現在，各データは，ほぼリアルタイムに把握することができる。ただし，何万，何十万という顧客が買い物をするたびにデータは更新され，新たに蓄積される。また，そこに天候や政治，経済，流行などの購買に影響を与える外部環境要因の考慮も必要となる。社会情勢の変化が著しい昨今，経営目標にあわせて，それぞれのデータの数字に重要業績評価指標 (key performance indicator: KPI) を設け，その KPI を把握することで，目標の達成度合いを計測・監視し，改善するために利用されている。このようなビッグデータからいかに素早く有益な情報を分析，抽出し，具体的な策を打ち手としてマーケティングに活用しコントロールしていくかが経営の重要な鍵であり，大きな課題となっている。

2.2.3 マーケティングへの利活用

具体的な例でいうと，雨が降ってくると顧客の行動は変化する。徒歩や自転車などで来店する顧客は，重い物やかさばる物の購買を中止し，直接的には傘が売れるようになる。また気温が下がることにより鍋物料理などの温かい料理に使う商品も売れるようになる。店内の従業員には，BGM などで雨という気象の変化を知らせ，今後起こるであろう売れ筋商品の変化に対応できるように，

売場変更などの具体的な打ち手，策に落とし込む。もし，雨予報が台風レベルとなると，インスタントラーメンや電池といった備蓄商品や災害対応商品が売れるようになる。このような知見に基づき，過去の台風時の売れ数変化の傾向を分析し，発注量を増加させたり，本部から店舗へ対象商品の一括納品をしたり，顧客のニーズに応えるために機会ロスが起こらないような行動をとる。

　データは具体的で効果的な策を講じるために必要であるとともに，その分析からある程度の法則性やルールを見出し，具体的な行動レベルに落とし込むことが重要である。よく陥りやすい勘違いは，データを集めそれをツールを使ってきれいにみえるように加工することが仕事だと思うことである。データは集めただけでは，単なる数値の羅列であり意味がなく，それをいかに分析し，有効な手段，打ち手を導き出し，実際に活用するかが実際の企業活動には重要な課題なのである。

2.2.4　スーパーマーケットでの単品管理

　何が売れていて，何が売れていないのか？　それを単品で把握することは，品揃えをするうえでの基本となり，スーパーマーケット業務を行ううえで重要な指標になる。しかし，膨大なデータをいきなり単品単位で把握するのは難しいため，多くの場合，便宜上大きくいくつかの分類，カテゴリに分けて管理を実施する。例えば，生鮮食料品とそれ以外の牛乳，卵，豆腐などの日配商品，加工食品や菓子などのドライグロサリー商品，および日用品などのノンフード商品といった形である。

　生鮮食料品とは，一般的に，野菜や果物などの農産物，生魚や刺身，魚介加工品などの水産物，牛・豚・鶏などの畜産物を指す。企業によっても違うが，最近ではそれらに加え，弁当や惣菜などの即食商品も含めることが多くなってきている。そして，それをさらに分類する。

　例えば，農産物を大分類（野菜），中分類（土物，葉物，カット野菜などの加工品），小分類（たまねぎ，じゃがいも，ほうれん草，トマト）などと分け，大きなカテゴリから把握していき，順次小さいカテゴリへと分析の観点を移しながら数字を把握していく（このような分析は本書の3.2.2項でも行われている）。データを数値として把握することで，発注量を増やして販売機会の損失を減ら

したり，在庫の適正化や廃棄ロスの削減を図ることが可能となる。

店頭では，「売れ筋商品」は何回も商品補充をするために，データをみなくとも従業員の肌感覚で把握できるものもあるが，その商品の陳列スペースを広げる場合には注意が必要である。陳列スペースの増加によって補充効率を上げようとしても，店内のスペースは有限のため，何かをカットしなければ陳列スペースを広げることはできない。その際には，売れない商品（死に筋商品）の把握にもデータは活用される。

売れない商品は商品の補充頻度も低く，どうしても売れる商品ばかりに目が行って忘れがちであるが，例えば初回導入後3週間で1個も売れていないような商品は，何か問題があることが多い。陳列場所を変えたり，商品説明などを書いた POP（point of purchase advertising，購買時点広告）を取りつけたりしても売れないようであれば，思い切ってカットすることも，効率を上げる方法の1つである。

また，時間帯別に売数を把握することにより，時間帯別に品揃えする商品の優先順位を決めることができる。例えば，午前中は1匹丸々の生魚が売れるのに対し，午後は切身が売れ，夕方はさらに焼魚や煮魚が売れる。これは，午前中は料理にかける時間のある顧客が自分で調理をするために購入するが，夕方や夜は仕事帰りにそのまま食べることができる調理済の商品が求められるからである。このように顧客のニーズにあわせて店舗の品揃えを変えていく必要がある。これらの具体策を実現していくためには，POS データの把握，分析，活用が必要不可欠である。

2.2.5 スーパーマーケットでの顧客管理

POS データの「いつ，どの店舗で，何が，何個，いくらで」という情報に，「誰が」という顧客属性が紐づいたものが，ID–POS データである。ポイントカードやキャッシュレス決済，アプリなどの普及により「顧客」という新たな要因で詳細に分析ができるようになった。

本書で ID–POS データを提供することはできないが，POS データに ID 情報が付与されることでよりリッチな分析が可能となる。例えば，「客数」「客単価」に加えて「買い物頻度（来店回数）」や「ひとりあたりの買い物金額」など

の分析も可能となり，さらに性別や年代などの属性を加えることにより，より細やかに顧客がイメージでき，ターゲットを明確にした商品の品揃えやチラシ広告などの戦略を実施することが可能となる。

　客数を 100 とした場合，それが，同じ顧客が何度も来店している場合と，大勢の顧客が 1 回ずつ来店している場合では，今後の品揃えなどの戦略の打ち方が変わってくる。店舗の立地（郊外型か駅前型か）や商圏特性（周辺環境など）にあわせた戦略とともに，非常に重要なデータとなる。店は，店舗の周辺にどのような顧客が居住し働いているのか，国や市町村などの公の機関が発行しているデータから商圏情報を常に把握することが，店舗を運営していくうえで必須事項となっている。買い物をする顧客がいて初めて，店舗の営業活動が成り立つからである。店舗は，その商圏特性にあった営業時間や品揃えになっているのか，ID–POS データにより検証し，常に店舗運営の軌道修正を行う。

　例えば，ID–POS データの町丁目居住属性データを地図に落とし込み，来店している顧客データ MAP を作成する。それを定期的に繰り返しみることにより，変化を把握し今後の打ち手，具体的施策を練る。新しく競合店ができたことにより，ある町丁目の顧客の来店数が減ったのであれば，その町丁目に向け競合店に負けないようなチラシ広告や，GPS によるオンライン広告などの施策を実施する。その広告の内容も，年代などの属性を考慮した顧客にあわせた商品や企画を実施することができる。

　データを活用することで，より効果的な施策が実施でき，その計画，実行，検証を繰り返すことにより精度の高い施策を打ち続けることができるようになる。また，みえない相手に施策を打つのではなく，明確にターゲットを絞った施策を実施することにより費用対効果を上げることも可能となる。

　ID–POS データから 1 か月あたりの買い物金額で顧客を分類し，買い物金額の高い優良顧客を把握できる。優良顧客数は，その店のファンの数でもあり，店が顧客に支持されているのかを判断する重要な指標となる。その推移の把握と属性から，1 人でも多く優良顧客になるよう，サービスや品揃えを工夫し見直していく。本書では 4 章の RFM 分析で QPR データを利用した優良顧客の分析を行っている。そして，顧客の買い物動向からその価値観やライフステージを推測し，より長く利用が続くように，多様化するニーズにスピーディーに

より細かく効率的に対応できるよう，戦略を立案していくことが重要となっている。

　ほかにも，ウェブサイトや Instagram や Twitter，アプリなどの閲覧数や利用率，インプレッション数やエンゲージメント率（みられた数や反応のあった数），無線を使った位置特定の技術であるビーコン (Beacon) などで計測する来店客数（店内への入店数）など，多様なデータが数多く存在する。しかも，それらのデータは，時々刻々とリアルタイムに蓄積されていく。

　データ収集とデータ分析を実施する目的は，分析後の仮説に基づく打ち手，具体的な施策の実行であり，データの分析はその前段階である。ビッグデータの分析に時間をとり，何もしない状態が続くということは，その間に外部環境が変わり，タイミングがずれ商機を失うことにつながりかねない。いかにスピード感をもって実行に移すかが，この変化の激しい時代に生き残る方法である。そして，実施した施策はデータをもって検証し，さらに修正を繰り返しより効率的で効果的な施策にブラッシュアップしていく必要がある。その PDCA をいかに早く回すかが，企業の生命線になってきている。データは活用して初めて価値をもつものであり，その価値を最大にするために，データ処理の技術と知識と知見が求められている。

2.3　焼肉店の売上データ

　本書で利用するデータの 3 つ目は焼肉店の POS データ（焼肉データと呼ぶ）である。焼肉データは，株式会社肉のオカヤマが経営する焼肉 神戸岡本 福牛で蓄積されているデータである。ただし，本書で利用する焼肉データは，売価をそのままではなく補正して使用している。

　福牛は，閑静な住宅街にある焼肉店で，3 階までの 3 フロアに客室があり，合計 20 卓，76 席のスペースである。また個室も用意されており，ゆっくり時間を過ごしながら焼肉を楽しめる店舗である。営業時間は 11:30〜15:00，17:00〜22:00（平日）で，ランチタイムとディナータイムの間に仕込みなどを行うためのアイドルタイムを設けている。休日はアイドルタイムを入れずに営業している。

図 2.6　看板メニューの1つ福牛盛り

図 2.7　店内に設置されている POS レジ

　福牛では，図 2.6 のような上質の肉を提供している。この写真は福牛の看板メニューの1つ福牛盛りである。また店舗で採用しているレジは図 2.7 のようにタブレットの POS レジであり，費用が安くランニングコストを抑えることができる。

2.3.1　焼肉データの基本情報

　本書で利用する焼肉データは，約 13 万行の購買履歴データで，2018 年 3 月～2019 年 2 月までの1年間のデータである。利用できる項目は，日付，時間，取引 ID，取引明細 ID，商品 ID，商品名，単価，数量，支払方法，そして分類である。図 2.8 に，実際のデータの一部とその項目名を示す。

	店舗ID	日付	時間	取引ID	取引明細ID	商品ID	商品名	単価	数量	支払方法	分類
0	1	20180301	114818	1	1	112	霜降切落し焼肉定食	1300	1	クレジット	定食
1	1	20180301	114818	1	2	121	Sとろろ	0	1	クレジット	サイド
2	1	20180301	114950	2	1	104	石焼ビビンバ定食	1100	1	クレジット	定食
3	1	20180301	115043	3	2	625	黒毛和牛サーロイン焼肉	1200	1	クレジット	肉
4	1	20180301	115043	3	3	330	ご飯	200	1	クレジット	サイド

図 2.8　焼肉データの抜粋

　このデータは会計時に POS レジで記録されているデータであり，1行が1つのオーダーを表していることに注意されたい。日付，時間は会計した日時を意味している。取引 ID はレシート番号と同じ意味で，同一テーブルの注文には同じ取引 ID が付与されている。例えば図 2.8 の 0,1 行目の取引 ID はともに 1

となっており，これは同じテーブルの注文で，この顧客は，「霜降切落し焼肉定食」と「Ｓとろろ」を注文している。ただし，「Ｓとろろ」の単価は「0」円なので，これは定食のセットメニューになっていると考えられる。取引明細 ID は顧客が商品を注文した順番である。

2.3.2　POS データと各種データの特徴

さて，ここでデータについて考えてみよう。2.1 節では QPR データ（スキャンパネルデータ），2.2 節では POS データと ID–POS データが紹介された。そして本節で扱う焼肉データも POS データである。ただし，テーブル単位で記録されたデータのため顧客一人一人を識別することはできない。したがって，グループで来店した場合には個々の注文者を識別することは難しい。

ここで，スキャンパネルデータ，ID–POS データ，そして POS データの特徴を考えてみよう。図 2.9 は 3 種類のデータを「詳細性」「密度」そして「網羅性」の 3 つの軸でまとめた。詳細性は，商品を対象としたときにどれだけ購入した商品をもれなく記録できているかを意味している。また，密度は，ある一店舗を対象としたときにどれだけもれなく顧客を記録できているかを意味している。最後に網羅性は，顧客がこれまでに購買したことのある店舗をどれだけもれなく記録できているかを意味している。詳細性と網羅性はそれぞれの位置，密度は棒の高さで程度を表現していることに注意されたい。

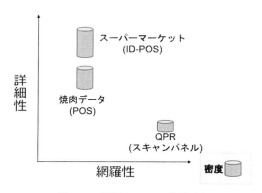

図 2.9　3 種類のデータの位置づけ

　スキャンパネルデータで記録されるデータはバーコードが付与された商品に限定されるため，詳細性はほかに比べて低い。また，モニタ数は限られている（例えば，マクロミルモニタは全国に3万人）ため，ある特定の店舗の購買に絞ると，該当するモニタが限定的になることからデータの密度は低い。しかし，モニタが利用しているすべての店舗の情報が入手できるため網羅性はもっとも高い。このような特徴をもつスキャンパネルデータは，特定のモニタの購買行動を網羅的に分析できるため，カスタマージャーニーのような観点のライフスタイルを把握する分析に向いている。また，ほかの業態との比較ができる点も特徴的である。

　次に，ID–POS データの場合は，レジを通るすべての商品を購入顧客を識別しながら記録できることから詳細性は高い。したがって，その店で会員カードを提示した顧客の購買情報はすべて把握できる。ある一店舗で何十万の顧客が会員登録していることもあり密度は高い。一方で，他店における購買行動は把握できないため，網羅性は低い [2]。つまり，ID–POS データは特定店舗における購買商品を軸にした分析は得意であるが，他店との比較を行うような分析はできない。

　最後に，焼肉データは，注文情報を完全に個人に紐づけて把握できないが，レジを通る注文データはすべて把握できることから詳細性は中程度である。また，個々の顧客は特定できないが，テーブル単位では識別できるため，ID–POS データより密度は低いが，スキャンパネルデータよりは高い。したがって密度は中程度である。網羅性は，ID–POS データと同様に他店の購買行動は把握できないため低い。これらの特徴以外の属性情報の識別などについては，すでに2.1.2 項の表 2.2 に示している。

---

[2]　サプライチェーン加盟店の場合，本部は加盟店それぞれの購買情報を把握することができるが，ここでは一店舗を想定している。

章 末 問 題

(1) スキャンパネルデータはどのように蓄積されているデータか，その特徴を説明してみよ。

(2) スキャンパネルデータを分析する際の注意点はなにか考えよ。特に限定的なモニタという観点から考えてみよ。

(3) スーパーマーケットでは雨などの天候の変化によって，どのようなアプローチがとられているか，これまでの買い物経験を踏まえて考えてみよ。

(4) POS データと ID–POS データのもっとも大きな違いはなにか考えてみよ。

(5) QPR データを確認し，1 行がどのような単位で蓄積されているデータか考えてみよ。

Chapter 3

集計と可視化からデータを理解する

　本章では，データ分析の基礎となる集計について，売上の把握，クロス集計，異なる集計レベルによる分析を焼肉データ，QPR データを利用し Pyhton コードを示しながら実施する。基礎的な分析を行わずに，統計手法や機械学習などのデータ分析手法を適用しても意味のある結果を導くことは難しい。まずはデータの特徴を把握し，問題点などを探っていく必要がある。そのためには基礎集計は必要不可欠な作業である。

3.1　焼肉店データの基礎集計

　本節では，2.3 節で示した焼肉データを対象に様々な集計を行う。基礎的な集計はデータを把握するうえでとても重要な作業であり，現場で業務に直接携わっていない分析者にとっては，現状を把握する唯一の手段になるといっても過言ではない。

　まず最初に焼肉データを読み込んでみよう。本節では python の pandas を中心に処理スクリプトを記述する。

　ターミナルから$ jupyter notebook[*1)] を実行して Jupyter を起動し，以下のコード 3.1 を入力しよう。

　　コード 3.1　ライブラリの import と焼肉データの読み込み

```
1    import pandas as pd
2    # pandas のデータフレームとして CSV ファイルを読み込む
3    df = pd.read_csv('in/yakiniku_2018.csv', parse_dates=['日付'])
4    # データフレームの中身を確認
5    df.head()
```

[*1)]　本書では$はコマンドラインによる実行を意味する。

　1 行目で pandas ライブラリをインポートしている。3 行目の read_csv で CSV 形式の焼肉データを pandas のデータフレームとして読み込んでいる。その際に日付は datetime 型で読み込みを行っている。5 行目の head メソッドで読み込んだ焼肉データを表示している。2.3 節の図 2.8 と同じデータが表示されただろうか。利用できる項目は，日付，時間，取引 ID，取引明細 ID，商品 ID，商品名，単価，数量，支払方法，分類である。このデータを使って基礎集計を行う。

3.1.1　営業日数と人気商品の確認

　コード 3.2 を実行し，データの期間と営業日数を確認してみよう。

コード 3.2　焼肉データの基礎集計

```
1   # データの期間を確認
2   print(df['日付'].min())
3   print(df['日付'].max())
4
5   # 営業日数の確認
6   print(len(df['日付'].unique()))
```

　2 行目では min メソッドで日付項目から最小値を選択し，3 行目では max で最大値を選択している。そしてそれぞれ print メソッドで結果を示している。出力結果を確認すると，このデータは 2018 年 3 月 1 日から 2019 年 2 月 28 日までの 1 年間のデータである。

　6 行目は，unique と len メソッドを利用して営業日数を確認している。2.3 節の図 2.8 を確認すると，このデータは各注文が 1 行ごとに記録されたデータであり，同一の日付が複数回出現している。そこで営業日数を計算するために，まずは日付の重複を unique で取り除いている。そして，len によって日付を数えており，出力結果から 364 日営業していることがわかる。len メソッドは実行せずに次のように修正し，日付の配列を確認してみよう。

　print(df['日付'].unique()) の出力結果から 2019 年 1 月 1 日が抜けていることがわかる。つまり元日だけ営業が休みである。

　次に売上金額を計算するスクリプトをコード 3.3 に示す。

コード 3.3　売上金額の基礎集計

```
1   # 売上金額の合計を新しい列としてオリジナルデータdf に追加しておく(後のコード
```

```
            で利用するため)
2   df['売上金額'] = df['数量'] * df['単価']
3   total = df['売上金額'].sum()
4   print(total)
5
6   # 売上金額トップ10の商品
7   top10 = df[['商品名', '売上金額']].groupby('商品名').sum()
8   top10 = top10.sort_values('売上金額', ascending=False).head(10)
9   top10
```

　2 行目では，この店舗の売上金額の合計を計算している。各注文の数量と単価の積を求め，その値をすべて合計する（3 行目）ことで，店舗の年間売上金額が計算できる。7 行目からの処理では商品ごとに売上金額を計算し，売上金額の上位 10 商品を選択している。pandas のメソッド groupby を利用し，商品名ごとに売上金額を足し合わせて，sort_values により，その値の大きい順に並び替え，head(10) で上位 10 件を選択している。図 3.1 は，トップ 10 の結果を示している。

	売上金額
商品名	
今宵の贅沢福牛盛り	9361200
生ビール（中）	5554000
焼肉４０００コース	5435200
タン塩大判切り	4874100
赤身・ハラミ焼肉定食	3505500
厳選ハラミ焼肉定食	2989000
厳選ハラミ	2877000
カルビ・ハラミ焼肉定食	2829000
カルビ・ロース・ハラミ焼肉定食	2563600
カルビ＆ロース＆ハラミ盛り	2355000

図 3.1　売上金額トップ 10 の商品

例題 3.1　焼肉メニューの種類数を確認するスクリプトを作成し，何種類のメニュー

があるかを計算せよ。

解答 焼肉メニュー数を確認するために，まず重複する商品名を除外し，それら
の数を数える必要がある。つまり，営業日の計算と同様の考え方であり，コード 3.2
の営業日数の確認スクリプトを利用することができる。以下のコード 3.4 を実行す
ると，メニューの種類数は 323 種類であることがわかる。

コード 3.4 商品種類数の計算

```
1  print(len(df['商品名'].unique()))
```

例題 3.2 コード 3.3 の売上金額のトップ 10 を求めるスクリプトを参考にして，売
上数量のトップ 10 を求めるスクリプトを作成してみよ。

解答 売上金額を求めるスクリプトの合計金額を数量に変更するだけである。

コード 3.5 売上数量上位 10 商品

```
1  num10 = df[['商品名', '数量']].groupby('商品名').sum()
2  num10 = num10.sort_values('数量', ascending=False).head(10)
```

3.1.2 月別売上金額の確認

次に月別の売上金額を計算しグラフ描画してみよう。コード 3.6 のように，
まずは年月ごとに売上金額を計算して折れ線グラフで表示する。

コード 3.6 月別の売上金額を計算し可視化

```
1  import japanize_matplotlib
2
3  # 年月を新しい列としてオリジナルデータdf に追加しておく(後のセルで利用するた
      め)
4  df['年月'] = df['日付'].dt.to_period('M')
5
6  # 月別の売上金額を計算
7  month_amt=df[['年月', '売上金額']].groupby(['年月']).sum()
8  # 折れ線グラフを出力
9  ax = month_amt.plot()
10 ax.get_figure().savefig('out/3-1a.png') # ファイルにグラフを保存
```

実行結果として折れ線グラフを図 3.2 に示す。月別の売上金額では 3 月が約
1,400 万円で一番高く，次いで 8 月と 12 月が高い（グラフの縦軸は指数表記で

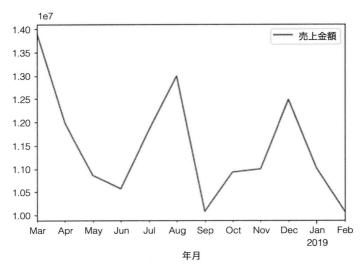

図 3.2　月別の売上金額（縦軸の単位は 10^7 円）

ある）。一方で，売上金額の低い月は，6 月，9 月，2 月である。ただし，比較を行う際には基準を揃える必要がある。つまり，この場合は各月の売上金額を比較しているが，単純に合計してしまうと営業日数の違いが生じてしまう。例えば 2 月は売上金額が低いが営業日数も 28 日ともっとも少ない。したがってほかの月に比べると売上金額が低くなる可能性は十分に考えられる。そこで，月別に 1 日あたりの平均金額を計算し可視化するスクリプトをコード 3.7 に示す。

コード 3.7　月別に 1 日あたりの平均金額を計算し可視化

```
1  ds = pd.DataFrame()
2  day_amt = df[['日付', '売上金額']].groupby('日付', as_index=False).sum
       ()
3  day_amt['年月'] = day_amt['日付'].dt.to_period('M')
4  day_avg = day_amt[['年月', '売上金額']].groupby(['年月']).mean()
5  display(day_avg.head(12))
6
7  ax = day_avg.plot()
8  ax.get_figure().savefig('out/3-1b.png')
```

図 3.3 は 1 日あたりの平均金額を月別に示したグラフである。先程と異なり 2 月の金額が 5 月，6 月よりも高くなっていることが確認できる。つまり，2 月の売上合計が低いのは営業日数との関係があることが確認できた。比較をする

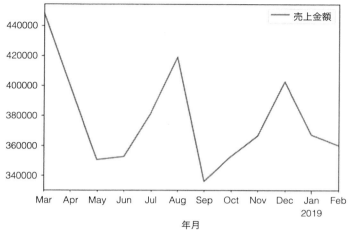

図 3.3　月別の平均売上金額

際には，常に基準を揃えることを意識しなければならない。

例題 3.3　コード 3.3 の売上金額トップ 10 を計算したスクリプトを参考にして，日別の売上金額を計算しトップ 10 の日付を選択してみよ。

解答　売上金額トップ 10 の商品のスクリプトを日付に変更するだけである。

コード 3.8　売上金額トップ 10 の日付
```
1   # 日ごとに売上金額を合計
2   day10 = df[['日付', '売上金額']].groupby('日付').sum()
3   day10 = day10.sort_values('売上金額', ascending=False).head(10)
```

3.2　都道府県別の購買商品傾向の発見

1 章でも紹介した STP と 4P は近代マーケティングの共通言語ともいえる。1960 年代に J. マッカーシーが提唱した企業のマーケティング戦略策定のためのマーケティングミックスの考え方である 4P (product, price, place, promotion) の最適化の前段階として，1980 年代に P. コトラーが提唱した市場理解のための STP (segmentation, targeting, positioning) は，市場や顧客を理解し，ターゲット顧客を絞り込むことの重要性について示唆した。STP を経た 4P により，

ターゲットを明確にした効果の高いマーケティング施策を実践することが求められている[1]。

STP の重要性は，顧客の嗜好の多様性と大きく関係しており，また，ICT の進化により消費者は自身にとってより好ましい商品がどのようなものであるかを効率的に検索・評価できるようになってきた。

こうした事情もあり，従来のマスマーケティングの考え方から，自社にとって好ましい消費者，すなわちターゲットに対して，集中的に経営資源を投下するセグメンテーションマーケティングによって，売上や利益を最大化することが求められるようになった。

STP の最初のステップであるセグメンテーションでは，嗜好が類似する消費者を 1 つにまとめるように市場全体を複数のセグメントに分割する。

セグメンテーションを行う基準は多種多様であるが，表 3.1 のように整理されることが多い[2]。

表 3.1　セグメンテーションの基準

地理的基準	行動的基準
地域，人口密度，気候	購買経験，購買金額・回数，価格感度，使用場面
人口統計的基準	心理的基準
性・年齢，家族構成，収入レベル，職業	ライフスタイル，価値観

地理的基準はもっとも理解しやすく，かつ実際にセグメントをしやすい基準である。例えば，そばのつゆは関東では醤油が強く，関西では出汁が強いといわれており，地域によって同じメニューでも驚くほど違っている。人口統計的基準は性・年齢など，これもまたセグメンテーションの基準として想像にたやすいであろう。行動的基準は，お得意さんであるとか，価格志向であるとか実際の行動から考えることができる。心理的基準は，測定は難しいものの消費者の真の姿に迫ることができよう。どのような基準によりセグメンテーションを行うかは，対象や目的，利用可能なデータに決められる。

以下では，データからこうした購買の違いをみてみよう。対象は QPR データの 2013 年 1 年間の購買データである（データは sec3-2data.csv）。

3.2.1 単純集計とクロス集計

本データから購入状況を集計するが，後で示すように都道府県の違いに着目する。しかし，データには顧客の住所情報はないため，購入した店舗の所在地をキーに集計し，都道府県ごとに購入のされ方に違いがあるかを確かめてみる。そのため，まずデータ全体から都道府県が不明のデータを除き，またデータ量を絞るために東京都も除いた。さらに，少数の購入商品が不明のデータもあったためこれらも除いている。

まず，データ全体の状況を把握するために，購入商品の概要について確かめる。商品名とともにそれらをまとめたカテゴリが付与されており，「大分類」「中分類」「小分類」「細分類」と粒度の異なるカテゴリに分割されている。

ここで，まず購買全体について大分類を集計する。集計においては「集計キー」と「集計項目」「集計方法」を定める。したがって，「大分類名」を集計キー，「購入数量」を集計項目，「合計」を集計方法とする。

Python の pandas モジュールを用いてデータをデータフレームとして読み込むと，pandas のメソッドによって集計が容易にできる。準備はコード 3.9 のとおりである。

コード 3.9　集計のためのモジュールの読み込み

```
1   import pandas as pd
```

データフレームへの読み込みと集計のためにコード 3.10 を実行する。5 行目の groupby('大分類名',as_index=False) は「大分類名」ごとに集計している。そして，8 行目で「購入数量」を集計項目とし，集計方法としては購入数量の「合計」としている。11 行目は構成比率を求めてデータフレームに結合している。apply(lambda x:x/sum(x)) の部分は各行に同じ計算をするメソッドであり，この lambda は無名関数と呼ばれる。この無名関数では x を引数にとり，コロンの後で記述した演算を行って結果を返している。

コード 3.10　集計の実行と構成比率の計算

```
1   # データフレームへの読み込み
2   df_all = pd.read_csv(in/'sec3-2data.csv')
3
4   # 集計キーの指定
5   df_groupby1 = df_all.groupby('大分類名', as_index=False)
6
```

```
7   # 集計キーについて購入数量の合計を計算
8   df_groupby_q = df_groupby1.agg({'購入数量': 'sum'})
9
10  # 構成比率の計算
11  df_groupby_q['構成比率'] = pd.DataFrame(df_groupby_q['購入数量']).
        apply(lambda x:x/sum(x))
```

集計結果はコード 3.11 を実行して出力する。出力結果が図 3.4 であり，左列に合計値，右列に構成比率を表したものである。2 行目で比率の列をパーセントで表示するように設定し，出力後 4 行目で表示形式を戻すようにしている。

コード 3.11　集計結果の出力
```
1   # 集計結果の出力
2   pd.options.display.float_format = '{: <10.2%}'.format
3   df_groupby_q
4   pd.options.display.float_format = None
```

	大分類名	購入数量	構成比率
0	文化用品	49405	0.63%
1	日用品	844745	10.69%
2	耐久消費財	17443	0.22%
3	衣類・身の回り品・スポーツ用品	3660	0.05%
4	食品	6985143	88.42%

図 3.4　大分類の集計（個）

例題 3.4　上記の集計について「購入数量」ではなく「金額」によって集計せよ。

解答　集計項目を「購入数量」ではなく「金額」にする。すなわち，コード 3.12 のようにする。

コード 3.12　金額の集計
```
1   # 金額に関する集計と構成比率
2   df_groupby_s = df_groupby1.agg({金額': 'sum'})
3   df_groupby_s['構成比率'] = pd.DataFrame(df_groupby_s['金額']).apply(
        lambda x:x/sum(x))
```

この結果を表示すると図 3.5 のようになる。

	大分類名	金額	構成比率
0	文化用品	14507064	0.96%
1	日用品	320281312	21.23%
2	耐久消費財	13725924	0.91%
3	衣類・身の回り品・スポーツ用品	2321927	0.15%
4	食品	1157980399	76.75%

図 3.5　大分類の集計（金額）

　購入数量と金額の集計表を比較するとわかるように，日常の購買行動においては，食品の購入が圧倒的に高い比率ではあるものの，金額で集計した場合は食料品以外の比率が高まる。これは，食品の商品単価がほかのカテゴリに比べて相当低いことがその理由であろう。このように，同じ集計キーであっても集計項目を変えると結果が大きく異なることもあるため，どのような視点で数値を確認したいかを事前に熟慮すべきである。このように1つの集計キーを用いた集計を単純集計という。

　上記は1つの集計キーでのみ比較をしたが，もう1つの集計キーを考える。こうした集計はクロス集計もしくは二次元集計と呼ばれ，2つの集計キーを同時に考えることで，一方だけではみえないキー間の隠れた関係を発見できることもある。

　ここでは，大分類で購入数量について都道府県（列名は「都道府県名」）ごとに集計する。pandas にはクロス集計のための pivot_table メソッドが用意されており，values に集計する変数，index に行の項目，columns に列の項目，aggfunc に集計方法を指定することで実行できる。コード 3.13 を実行する。集計方法の'sum'は合計を求めることを示している。

コード 3.13　都道府県と大分類のクロス集計

```
1  # 大分類クロス集計
2  pt_all = pd.pivot_table(df_all, values='購入数量', index='都道府県名',
       columns='大分類名', aggfunc='sum')
3  # 結果の出力
```

```
4    pt_all
```

結果は図 3.6 のようになる。

大分類名 都道府県名	文化用品	日用品	耐久消費財	衣類・身の回り品・スポーツ用品	食品
兵庫県	3865	62505	1112	266	609932
北海道	4130	92202	2008	452	715934
千葉県	5680	93298	1927	426	631874
埼玉県	5120	87295	1747	320	731999
大阪府	7793	121946	2420	583	1080425
愛知県	6486	114949	2276	429	974383
神奈川県	7948	132658	2260	585	1022132
福岡県	6187	102711	2926	479	792718
茨城県	2196	37181	767	120	425746

図 3.6　都道府県および大分類によるクロス集計

例題 3.5　上記のクロス集計の結果 pt_all を利用して，都道府県ごとの大分類購入
　　　　　数量の構成比率を集計せよ。

解答　　コード 3.13 の pt_all について行方向の構成比率を計算する。コード 3.14
を実行すればよい。

コード 3.14　構成比率のクロス集計
```
1    # 都道府県ごとの大分類構成比率
2    pt_all_ratio = pt_all.apply(lambda x:x/sum(x), axis=1)
3    pt_all_ratio
```

結果は図 3.7 のように表示される。

この結果から，都道府県間に大きな違いはないように思えるものの，兵庫県と茨
城県は食品の割合が 90%以上であり，ほかの都道府県より高い。

大分類名 都道府県名	文化用品	日用品	耐久消費財	衣類・身の回り品・スポーツ用品	食品
兵庫県	0.57%	9.22%	0.16%	0.04%	90.00%
北海道	0.51%	11.32%	0.25%	0.06%	87.87%
千葉県	0.77%	12.72%	0.26%	0.06%	86.18%
埼玉県	0.62%	10.56%	0.21%	0.04%	88.57%
大阪府	0.64%	10.05%	0.20%	0.05%	89.06%
愛知県	0.59%	10.46%	0.21%	0.04%	88.70%
神奈川県	0.68%	11.38%	0.19%	0.05%	87.69%
福岡県	0.68%	11.35%	0.32%	0.05%	87.59%
茨城県	0.47%	7.98%	0.16%	0.03%	91.36%

図 3.7　大分類の集計（購入数量の構成比率）

3.2.2　詳細な分類レベルの集計

　前項により，俯瞰的に購入の違いを評価できたので，もっとも多い大分類である「食品」のみを取り上げさらに深く分析していく。こうした詳細情報の集計分析を行うことを OLAP (online analytical processing) ではドリルダウンという。以下では図 3.8 に従って集計をしていく。

　コード 3.13 の「columns='大分類名'」を「columns='中分類名'」と変えれば集計の粒度を下げた集計を行うことができる。プログラムをコード 3.15 に

図 3.8　集計のレベル

示す。データに含まれる中分類は 28 種類あり，ここでは食品以外は不要である。そこで，まずデータから大分類が食品のデータのみを抽出し（3 行目），そのデータを用いて購入数量を集計する（6 行目）。このようにして，大分類が食品のデータのみを用いて中分類の購入数量を集計することができる。

コード 3.15　食品中分類のクロス集計

```
1  # 中分類クロス集計（食品）
2  # 食品のみの抽出
3  df_syokuhin = df_all[df_all['大分類名'] == '食品']
4
5  # 食品中分類のクロス集計
6  pt_syokuhin = pd.pivot_table(df_syokuhin, values='購入数量', index='都
     道府県名', columns='中分類名', aggfunc='sum')
7
8  # 集計結果の出力
9  pt_syokuhin
```

結果は図 3.9 のように出力される。

中分類名	その他食品	加工食品	生鮮食品	菓子類	飲料・酒類
都道府県名					
兵庫県	13921	281759	60092	130601	123559
北海道	21628	297623	76934	153690	166059
千葉県	21193	261922	48991	147650	152118
埼玉県	21274	314066	62130	161719	172810
大阪府	27398	480621	103088	233040	236278
愛知県	27537	428889	99163	214052	204742
神奈川県	26949	427762	87573	226502	253346
福岡県	21854	355791	70768	170437	173868
茨城県	12265	188171	36808	96063	92439

図 3.9　中分類のクロス集計

例題 3.6　大分類の場合と同様に，食品の中分類について都道府県別の構成比率を計

算せよ。

解答　コード 3.14 の場合と同じように pt_syokuhin について行方向の構成比率を計算する。コード 3.16 を実行すればよい。

コード 3.16　食品中分類の構成比率のクロス集計

```
1  # 食品大分類の都道府県ごとの中分類構成比率
2  pt_syokuhin_ratio = pt_syokuhin.apply(lambda x:x/sum(x), axis=1)
3
4  # 結果の出力
5  pt_syokuhin_ratio
```

結果は図 3.10 のように出力される。

中分類名 都道府県名	その他食品	加工食品	生鮮食品	菓子類	飲料・酒類
兵庫県	2.28%	46.20%	9.85%	21.41%	20.26%
北海道	3.02%	41.57%	10.75%	21.47%	23.19%
千葉県	3.35%	41.45%	7.75%	23.37%	24.07%
埼玉県	2.91%	42.91%	8.49%	22.09%	23.61%
大阪府	2.54%	44.48%	9.54%	21.57%	21.87%
愛知県	2.83%	44.02%	10.18%	21.97%	21.01%
神奈川県	2.64%	41.85%	8.57%	22.16%	24.79%
福岡県	2.76%	44.88%	8.93%	21.50%	21.93%
茨城県	2.88%	44.20%	8.65%	22.56%	21.71%

図 3.10　中分類のクロス集計の構成比率

結果をみると，生鮮食品の構成比率が比較的大きく異なっていることがわかる。ただし，総量としては加工食品が大きく，全体としては加工食品の差が全体の差異に影響を与えているように考えられる。

複数の対象間で量や構成比率を比較する場合には，積上げ棒グラフや帯グラフがよく使われる。これらを描くためにはコード 3.17 およびコード 3.18 を実行する。これらの結果が図 3.11 と図 3.12 である。

コード 3.17　都道府県別食品中分類の積上げ横棒グラフの作成

```
1   import japanize_matplotlib
2
3   # 積上げ横棒グラフ
4   ax = pt_syokuhin.plot.barh(stacked=True, figsize=(10, 5))
5   ax.legend(pt_syokuhin.columns.tolist(), loc="lower center", ncol=5,
        bbox_to_anchor=(0.5, -0.1), frameon=False, borderaxespad=-2.5) #
        凡例表示位置の調整
6   ax.set_xlabel('購入数量（個）')
```

コード 3.18　都道府県別食品中分類の構成比率の帯グラフの作成

```
1   # 帯グラフ
2   pt_syokuhin_ratio100 = pt_syokuhin_ratio * 100
3   ax = pt_syokuhin_ratio100.plot.barh(stacked=True, figsize=(10, 5))
4   ax.legend(pt_syokuhin.columns.tolist(), loc="lower center", ncol=5,
        bbox_to_anchor=(0.5, -0.1), frameon=False, borderaxespad=-2.5) #
        凡例表示位置の調整
5   ax.set_xlabel('購入数量比率（%）')
```

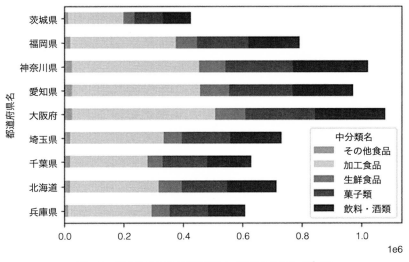

図 3.11　購入数量の積上げ棒グラフ（横軸の単位は 10^6 個）

　積上げ棒グラフをみると，どの都道府県の数量が多いかを把握することができ，このデータの場合は神奈川県，大阪府，愛知県といった大都市圏を抱える

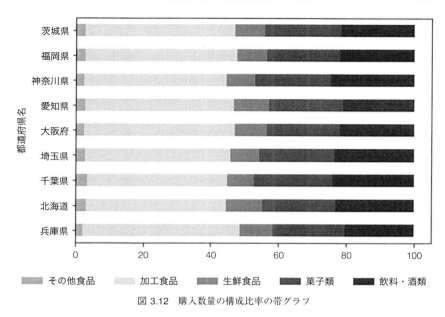

図 3.12 購入数量の構成比率の帯グラフ

都道府県の購入数量データが多いことがわかる。逆に，数量が少ないと都道府県は全体がつぶれてしまいがちである。帯グラフにすると各都道府県でどのような中分類が全体のうちに占めているかの比較ができる。全体として加工食品が多いが，神奈川県や千葉県，北海道は他県よりも比較的加工食品の数量が少ないようである。

　上記の例題の結果から，加工食品がどの都道府県でも売上が多いことがわかる。そこで，加工食品の中でも近年ますますラインナップが充実している，冷凍食品を取り上げて掘り下げた集計をする。特にトップランクにある商品に着目し，都道府県間でどのような差があるのかについて確認してみよう。比較のための手順は以下のとおりである。

1）本来はデータフレーム df_syokuhin から小分類名が「冷凍食品」のデータのみを抽出すればよいが，このデータには商品名が付与されていないため，別途冷凍食品のみを抽出し商品名を付与したデータ (sec3-2data_reisyoku.csv) を読み込む。

2) 抽出したデータについて「名称」「都道府県」ごとに購入数量の合計を集計する。購入されていない商品も多いため，該当がない場合は NA となるのでその場合は 0 を代入する。

3) 集計された行列に行合計（商品ごとの購入数量合計）を計算し付与する。

4) 商品の種類が多いため，合計数量の多い順に並び替え，その上位を用いる。

必要なデータの抽出と集計については次のコード 3.19 を実行する。集計時に，特定の商品の購入履歴がない場合には値が NaN となってしまうため，5 行目で fill_value=0 を指定している。最終行の sort_values('合計', ascending=False) は対象のデータフレームを合計の大きい順に並び替えるメソッドである。

コード 3.19　冷凍食品のクロス集計

```
1   # 冷凍食品の分析
2   df_reisyoku = pd.read_csv('in/sec3-2data_reisyoku.csv')
3
4   # クロス集計
5   pt_reisyoku = pd.pivot_table(df_reisyoku, values='購入数量', index='名
        称', columns='都道府県名', aggfunc='sum', fill_value=0.)
6
7   # 行合計の計算
8   pt_reisyoku['合計'] = pt_reisyoku.sum(axis=1)
9
10  # 合計値の大きい順に並び替え
11  pt_reisyoku = pt_reisyoku.sort_values('合計', ascending=False)
```

例題 3.7　コード 3.19 までで全冷凍食品を品名ごとに集計できたので，商品数を確認せよ。また，合計数量の上位 30 商品を選択せよ。

解答　pt_reisyoku は「商品数」×「都道府県名数と合計列」の行列であるので，行列の大きさを確認すればよい。コード 3.20 を実行すれば，(5103, 10) と出力されるので，5103 種類の商品があることがわかる。

コード 3.20　行列の大きさの確認

```
1   # 行列の大きさの確認
2   pt_reisyoku.shape
```

このうち，ここでは上位の 30 商品を取り出す。コード 3.21 を実行する。

コード 3.21 冷凍食品上位 30 品目の抽出

```
1  # 上位 30品目を抽出
2  pt_reisyoku30 = pt_reisyoku.iloc[:30]
3  pt_reisyoku30
```

結果は図 3.13 のようになる。

例題 3.8 冷凍食品上位 30 商品がどの都道府県で比較的売れているかについて，各商品の都道府県ごとのシェアを求めよ。

解答 コード 3.22 を実行し，pt_reisyoku30 の合計列以外で行方向の構成比率を求めればよい。iloc[:, :9] はデータフレームの全部の行，0 列目からの 9 列を抽出することを示している。

コード 3.22 冷凍食品上位 30 品目の都道府県別構成比率

```
1  # 構成比率の計算（合計列は除く）
2  pt_reisyoku30ratio = pt_reisyoku30.iloc[:, :9].apply(lambda x:x/sum
       (x), axis=1)
3
4  # 結果の出力
5  pt_reisyoku30ratio
```

図 3.14 に示す表が出力される。

　この結果をみると，売れ筋商品というべき上位の商品であっても，都道府県により差がかなりあることがわかる。このうち，もっとも差の大きいと考えられる 2 つの地域を見つけ出そう。

　そのために，商品間の購入数量の差異を相関係数によって計算する。ただし，そもそも都道府県によって総販売数量に差があるため，ここではこれら 30 商品の順位の相関を考える。

　順位相関係数のうちの 1 つであるスピアマンの順位相関係数は，2 つの系列の量的データについてそれぞれの系列内での順位を求め，その順位の一致度から計算される。データが裾の広い分布をしており一部のデータに相関係数が大きく影響を受ける場合などに用いられる。スピアマンの順位相関係数は，順位をあたかも比例尺度として扱った場合のピアソンの相関係数を計算したものと一致する。したがって，2 つの系列の順位が完全に一致していれば 1，完全に逆の順位関係であれば -1 となる。

都道府県名 名称	兵庫県	北海道	千葉県	埼玉県	大阪府	愛知県	神奈川県	福岡県	茨城県	合計
冷凍食品4907	445	161	391	448	774	734	711	657	246	4567
冷凍食品2459	92	122	166	249	380	199	271	315	62	1856
冷凍食品4897	98	180	125	111	224	232	284	230	81	1565
冷凍食品1985	107	68	170	152	256	212	170	298	124	1557
冷凍食品4892	89	93	68	151	317	146	228	192	149	1433
冷凍食品2342	59	90	73	114	170	145	196	277	56	1180
冷凍食品1170	124	86	103	107	229	75	196	119	98	1137
冷凍食品4975	52	62	94	118	189	138	154	127	102	1036
冷凍食品2610	66	17	101	88	131	97	153	280	67	1000
冷凍食品2359	39	55	116	141	72	95	248	123	68	957
冷凍食品2523	61	23	101	101	129	107	131	174	90	917
冷凍食品1091	71	17	60	113	192	93	178	124	64	912
冷凍食品2692	88	64	88	117	133	92	132	96	87	897
冷凍食品1098	88	149	47	74	104	90	180	109	37	878
冷凍食品2318	54	92	100	77	87	188	116	105	49	868
冷凍食品1623	117	18	49	95	81	58	208	162	53	841
冷凍食品2995	74	29	83	55	81	107	147	144	108	828
冷凍食品3176	112	34	71	47	192	83	112	116	23	790
冷凍食品1072	67	67	62	71	72	100	129	136	72	776
冷凍食品1010	29	56	63	104	124	69	202	54	72	773
冷凍食品5006	69	48	48	90	168	71	93	79	76	742
冷凍食品5000	25	22	94	189	162	33	121	61	28	735
冷凍食品4465	114	25	65	91	71	42	120	114	83	725
冷凍食品3028	25	19	36	111	78	99	130	133	87	718
冷凍食品4462	59	18	67	80	129	89	50	110	101	703
冷凍食品2673	119	60	48	30	185	82	46	66	66	702
冷凍食品0097	25	74	76	70	83	58	238	25	38	687
冷凍食品3145	79	66	62	32	150	69	61	90	64	673
冷凍食品2970	59	42	38	52	117	102	64	102	94	670
冷凍食品4466	74	13	87	129	105	99	77	59	27	670

図 3.13　冷凍食品上位 30 商品の購入数量（個）

都道府県名 名称	兵庫県	北海道	千葉県	埼玉県	大阪府	愛知県	神奈川県	福岡県	茨城県
冷凍食品4907	10%	4%	9%	10%	17%	16%	16%	14%	5%
冷凍食品2459	5%	7%	9%	13%	20%	11%	15%	17%	3%
冷凍食品4897	6%	12%	8%	7%	14%	15%	18%	15%	5%
冷凍食品1985	7%	4%	11%	10%	16%	14%	11%	19%	8%
冷凍食品4892	6%	6%	5%	11%	22%	10%	16%	13%	10%
冷凍食品2342	5%	8%	6%	10%	14%	12%	17%	23%	5%
冷凍食品1170	11%	8%	9%	9%	20%	7%	17%	10%	9%
冷凍食品4975	5%	6%	9%	11%	18%	13%	15%	12%	10%
冷凍食品2610	7%	2%	10%	9%	13%	10%	15%	28%	7%
冷凍食品2359	4%	6%	12%	15%	8%	10%	26%	13%	7%
冷凍食品2523	7%	3%	11%	11%	14%	12%	14%	19%	10%
冷凍食品1091	8%	2%	7%	12%	21%	10%	20%	14%	7%
冷凍食品2692	10%	7%	10%	13%	15%	10%	15%	11%	10%
冷凍食品1098	10%	17%	5%	8%	12%	10%	21%	12%	4%
冷凍食品2318	6%	11%	12%	9%	10%	22%	13%	12%	6%
冷凍食品1623	14%	2%	6%	11%	10%	7%	25%	19%	6%
冷凍食品2995	9%	4%	10%	7%	10%	13%	18%	17%	13%
冷凍食品3176	14%	4%	9%	6%	24%	11%	14%	15%	3%
冷凍食品1072	9%	9%	8%	9%	9%	13%	17%	18%	9%
冷凍食品1010	4%	7%	8%	13%	16%	9%	26%	7%	9%
冷凍食品5006	9%	6%	6%	12%	23%	10%	13%	11%	10%
冷凍食品5000	3%	3%	13%	26%	22%	4%	16%	8%	4%
冷凍食品4465	16%	3%	9%	13%	10%	6%	17%	16%	11%
冷凍食品3028	3%	3%	5%	15%	11%	14%	18%	19%	12%
冷凍食品4462	8%	3%	10%	11%	18%	13%	7%	16%	14%
冷凍食品2673	17%	9%	7%	4%	26%	12%	7%	9%	9%
冷凍食品0097	4%	11%	11%	10%	12%	8%	35%	4%	6%
冷凍食品3145	12%	10%	9%	5%	22%	10%	9%	13%	10%
冷凍食品2970	9%	6%	6%	8%	17%	15%	10%	15%	14%
冷凍食品4466	11%	2%	13%	19%	16%	15%	11%	9%	4%

図 3.14 冷凍食品上位 30 商品の都道府県構成比率

　9つの都道府県間の順位相関係数を求めるには，データフレームの対象部分に対して corr メソッドを使えばよい。corr には，数量データに対するピアソンの積率相関係数，スピアマンもしくはケンドールの順位相関係数のオプションが指定できる。コード 3.23 を実行すると図 3.15 が得られる。

コード 3.23　スピアマンの順位相関係数

```
1  # スピアマンの順位相関係数
2  rank_corr = pt_reisyoku30.drop('合計', axis=1).corr(method='spearman
       ')
3  # 相関係数行列の出力
4  pd.options.display.precision = 3 # 小数桁数の指定
5  rank_corr
```

都道府県名	兵庫県	北海道	千葉県	埼玉県	大阪府	愛知県	神奈川県	福岡県	茨城県
都道府県名									
兵庫県	1.000	0.268	0.138	0.012	0.437	0.089	0.117	0.331	0.159
北海道	0.268	1.000	0.322	0.147	0.406	0.438	0.492	0.237	0.142
千葉県	0.138	0.322	1.000	0.568	0.407	0.485	0.474	0.451	0.196
埼玉県	0.012	0.147	0.568	1.000	0.417	0.390	0.551	0.406	0.223
大阪府	0.437	0.406	0.407	0.417	1.000	0.370	0.260	0.352	0.224
愛知県	0.089	0.438	0.485	0.390	0.370	1.000	0.326	0.694	0.411
神奈川県	0.117	0.492	0.474	0.551	0.260	0.326	1.000	0.522	0.131
福岡県	0.331	0.237	0.451	0.406	0.352	0.694	0.522	1.000	0.412
茨城県	0.159	0.142	0.196	0.223	0.224	0.411	0.131	0.412	1.000

図 3.15　順位相関係数行列

　このうちもっとも相関が低い組み合わせを見つけるために，相関係数行列の要素の最小値を求めるコード 3.24 を実行すると埼玉県と兵庫県が表示される。その順位相関係数の値はおよそ 0.01 とほぼ無相関である。

コード 3.24　相関係数の低い組み合わせの抽出

```
1  # 相関の低い組み合わせとその都道府県名の出力
2  rank_corr.stack().sort_values().head(1)
```

　実際，これら 2 つの県を図 3.13 で比較してみると 1 位の商品は一致するものの，埼玉では上位 30 位の中では下位の「冷凍食品 6000」のシェアが高い反面，兵庫県ではかなり低いシェアとなっていたりと，これら 2 つの県での商品購入数量の順位はかなり異なっており，地域によるニーズの違いが見て取れる。

章 末 問 題

(1) pandas の read_csv を利用する際に，日付項目を datetime 型で読み込みたい場合はどのように指定すればよいか。

(2) datetime 型の日付項目から年だけを抜き出したい場合は，dt.strftime の引数に何を指定すればよいか考えてみよ。

(3) 商品ごとに集計したい場合に利用される pandas の命令はなにか？

(4) sort_values で降順に並べ替えをする際には，ascending= の後に何を指定すればよいか。

(5) 公開データには 4 つの業態（コンビニエンスストア，スーパーマーケット，ホームセンター，薬粧店・ドラッグストア）のデータがある。集計分析を通じて業態の特徴について議論せよ。例えば，「業態名」と購入された「曜日」もしくは「中分類名」で購入数量を集計し，その構成比率から違いを見つけ，その背後の状況について考えてみよ。

文　　献

1) コトラー，P.，ケラー，K. L.（著），恩藏直人（監修），月谷真紀（訳）（2014）．コトラー&ケラーのマーケティング・マネジメント　第 12 版．丸善．

2) 沼上幹（2000）．わかりやすいマーケティング戦略．有斐閣．

Chapter 4

顧客の分析

　顧客をマーケティングの中心として考え，顧客との関係性を維持発展させるための管理手法として CRM (customer relationship management) がある。CRM は顧客関係管理と呼ばれ，自社と顧客との間の信頼関係の構築を図り，自社と取引してくるようになった顧客を継続顧客に変え，さらにアップセル，クロスセルといった取引量の増大につながるような活動を行う。CRM を通して顧客・企業の両者が win-win の関係になることが目的である。そのためには，顧客の自社に対する態度やニーズを適切に測定することが求められる。

　本章では，「顧客」に焦点を当て，自社にとって各顧客がどれだけの貢献をしてくれるのかを分析するための集計に基づいた分析方法であるデシル分析と RFM 分析と，特定の商品カテゴリに嗜好をもつ顧客の特徴分析について取り上げる。

4.1　デシル分析と RFM 分析による顧客セグメンテーション

　80：20 の法則もしくはパレートの法則で知られているように，様々な経済活動において，その全体の量に占める大部分はそれを構成する要素のうちの上位の一部が占めている。例えば，取引先のうち自社の利益の大部分は特定の少数の取引先によってもたらされていたり，店舗の品揃えのうち売れ筋商品はごく一部であったりといった状況がこれにあたる。

　顧客を評価するにあたり，優良顧客という言葉がある。ここでの「優良」とは，自社に対して多大な貢献をしてくれることを意味するが，過去どれだけの貢献をしてくれたかという実績だけではなく，今後も長期間にわたってよりよい関係を築きたいということも含んでいる。

　CRM の代表的なものの 1 つにポイントカード制度がある。ポイントカードは，購買金額によってポイントを付与し，次回以降の購買時にポイントに応じた値引きをするものである。優良顧客育成の文脈ではポイントカードは次の 2 つの効果がある。

- 同じ店舗でポイントを貯める，すなわちその店舗での購買回数や金額の向上が見込める。
- ポイントは次回以降でしか利用できないため，顧客のつなぎ止め効果，すなわち顧客維持につながる。

　新規顧客の獲得は，既存顧客維持の数倍から数十倍のコストがかかるといわれており，既存顧客を維持し，さらに優良顧客となれば，かけたコストの何倍もの利益をその顧客から獲得することができる。このため，既存顧客について優良顧客をいかに識別するかは顧客分析において大変重要な視点である。

4.1.1　デシル分析

　販売実績において，各商品の貢献度を分析する手法として ABC 分析がある。ABC 分析では商品ごとの販売数量や金額を集計し，構成比率を求め大きい順に並び替える。上位からの累積構成比率に関する基準値から，A ランク，B ランク，C ランクに分類する。貢献の高い A ランクには売れ筋商品が多く含まれ，品切れによる機会損失を防ぐべきであり，逆に貢献の低い C ランクは死に筋商品として，今後の商品入れ替えなどを考慮すべき商品が含まれている。

　ABC 分析は 3 段階に分類するが，さらに細かく分類しようというものがデシル分析 (decile analysis) である。「デシル」とは 10 分の 1 を表すラテン語であり，デシル分析は対象を 10 分割して評価しようという分析手法である。

　マーケティングにおけるデシル分析では，対象ごとに売上や利益などを集計し，その値を並び替えてランク 1 からランク 10 の 10 のランクに割り振り，管理しようというものである。

　デシル分析においてしばしば用いられるのはある期間の購買金額や購買点数，購買回数などであり，これらは大きいほどその企業にとって望ましい顧客といえる。

　この節では QPR データである sec3-2data.csv のうち店舗 A での購入履歴

を用いる（期間は 2013 年の 1 年間）。このデータについてモニタ別に購入金額を合計する。コード 4.1 はデータを読み込んだ後，モニタごとに購買金額を集計し，最初の 10 行を表示するプログラムである。

コード 4.1　モジュールのインポート，データの読み込みと集計

```
1    import pandas as pd
2    import numpy as np
3
4    # データの読み込み
5    df_decile_data = pd.read_csv('in/sec4-1data.csv')
6
7    # モニタ別金額集計
8    df_decile_groupby = df_decile_data.groupby('モニタ')
9    df = df_decile_groupby.agg({'金額': 'sum'})
10
11   # 最初の 10行を表示
12   df.head(10)
```

このコードを実行すると，次の図 4.1 の結果が得られる。

次に，金額の小さい順でモニタ人数の 10%刻みの順位の値をデシルランクの閾値として計算するためにコード 4.2 を入力し実行する。pd.qcut(decile['金

	金額
モニタ	
14	1306
15	2880
16	38163
20	45981
21	1949
28	25263
31	216
32	8745
37	203218
38	582936

図 4.1　モニタ別購入金額合計

額'], 10, retbins=True, labels=False) は金額の値によって 10 のグルー
プに均等数になるように分けるためのメソッドであり, decile_rank に各モニ
タのランク, bins に最小値, 最大値とランクの閾値が入力される。各ランクの
上限の閾値が図 4.2 であり, 例えば 1056 円を超え, 2357 円以下の購入をした
顧客であればランク 3 となる。

コード 4.2　デシル分析の各ランクの閾値とモニタ別のランクの計算

```
1  decile = df.reset_index(drop=True)
2  decile_rank, bins = pd.qcut(decile['金額'], 10, retbins=True, labels=
       False)
3  decile['rank'] = decile_rank + 1
4  decile = decile[['rank', '金額']].groupby('rank').sum()
5  decile['閾値'] = bins[:-1]
6  decile
```

そして, 各モニタがどのランクにあるかを判定し, ランクごとに合計を計算
した結果が図 4.3 である。この結果は後に示すパレート図により可視化する。
プログラムをコード 4.3 に示す。なお, 2 行目の cumsum() で累積金額を計算
している。

rank	金額	閾値
1	3106	36.0
2	8250	559.0
3	15105	1056.0
4	32745	2357.0
5	54395	3736.0
6	89835	6505.5
7	138430	9974.0
8	302953	23218.5
9	409666	31821.0
10	2309497	64153.5

rank	金額	閾値	累積金額	累積構成比率(%)
10	2309497	64153.5	2309497	68.653667
9	409666	31821.0	2719163	80.831675
8	302953	23218.5	3022116	89.837460
7	138430	9974.0	3160546	93.952524
6	89835	6505.5	3250381	96.623020
5	54395	3736.0	3304776	98.240002
4	32745	2357.0	3337521	99.213402
3	15105	1056.0	3352626	99.662424
2	8250	559.0	3360876	99.907669
1	3106	36.0	3363982	100.000000

図 4.2　デシルランクの閾値　　　　　図 4.3　デシル分析の結果

コード 4.3　デシル分析の累積構成比率の計算

```
1  decile = decile.sort_values('rank', ascending=False)
```

```
2    decile['累積金額'] = decile['金額'].cumsum()
3    decile['累積構成比率 (%)'] = decile['累積金額'] / decile['金額'].sum() *
         100
4    decile
```

図 4.3 の結果からパレート図を描く。パレート図は「品質管理七つ道具」の
1 つであり，多数の要素のなかから重要要素が何であるかを可視化するために，
要素の大きい順に各要素の値を棒グラフ，また上位からの累積比率を折れ線グ
ラフとして同時に表したもので，特定の要素にどのくらい偏っているかといっ
たことを把握するために作成される。パレート図のためのプログラムをコード
4.4 に示す。

コード 4.4　パレート図の作成
```
1    import japanize_matplotlib
2
3    decile.index = decile.index.astype(str)
4    ax = decile[['金額']].plot.bar()
5    decile[['累積構成比率 (%)']].plot(ax=ax, secondary_y='累積構成比率 (%)')
6    ax.get_figure().get_axes()[1].set_ylim(0, 100)
```

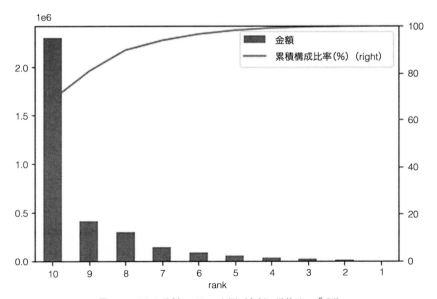

図 4.4　デシル分析のパレート図（金額の単位は 10^6 円）

　出力されるパレート図を図 4.4 に示す。パレート図では，偏りが大きいほど原点から上に向かって大きく膨らむ。図 4.4 に示すように上位の 20%（ランク 10 とランク 9）により全体の 80%の金額を占めていることがわかり，上位の優良顧客が売上の多くを占めていることが理解できる。

例題 4.1　同じデータ (sec4-1data.csv) について，「中分類名」が「加工食品」のデータのみを用い，「細分類名」ごとの「購入数量」の合計を集計し，デシル分析を行い，パレート図を描いてみよ。

解答　データの条件抽出を行い，集計の項目を「細分類名」，変数を「購入数量」とする。以下のコードは条件抽出と最初の集計である（コード 4.5）。このコードに続いてコード 4.4 を実行する。ただし，「金額」はすべて「購入数量」に変更する。結果のパレート図が図 4.5 である。上記の全データの購入金額ではランク 10 のシェアが 68%であったが，この例題の場合は 52%程度になる。

コード 4.5　パレート図作成のための集計

```
1   # データの読み込み
2   df_decile_data = pd.read_csv('in/sec4-1data.csv')
3
4   # 中分類名が加工食品のみを抽出
5   decile = df_decile_data.loc[df_decile_data['中分類名'] == '加工食
        品', ['細分類名', '購入数量']]
6   decile = decile.groupby('細分類名').sum()
7   rank, bins = pd.qcut(decile['購入数量'], 10, retbins=True, labels=
        False)
8   decile['rank'] = rank + 1
9   decile = decile[['rank', '購入数量']].groupby('rank').sum()
10  decile['閾値'] = bins[:-1]
11  decile = decile.sort_values('rank', ascending=False)
12  decile['累積購入数量'] = decile['購入数量'].cumsum()
13  decile['累積構成比率 (%)'] = decile['累積購入数量'] / decile['購入数
        量'].sum() * 100
14  decile
```

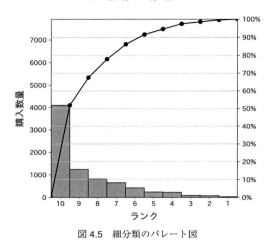

図 4.5 　細分類のパレート図

4.1.2 　R F M 分 析

前項では，累積購買金額の視点で顧客の評価を行ったが，累積購買金額以外
にも顧客の評価を行う方法はある。

例えば，購買金額は低くとも，頻繁に来店してくれるような顧客であれば，
店舗にとっては特別なプロモーションコストをかけずとも再来店を促せる顧客
といえるかもしれない。

また，同じ金額を購入した顧客でも，しばらくの期間購買がないような顧客
は離反している可能性もあり，こうした顧客に再来店を促すのは困難を伴うか
もしれない。むしろ直近に来店したような顧客のほうが，店舗への心理的な距
離が近いということも考えられよう。

RFM 分析は，このような顧客の購買行動履歴を多面的に集計して評価しよ
うという分析手法で，観測対象期間における顧客の来店状況を３つの視点から
指標化する。一般的には，ある基準日（例えばデータの最終日）からの一定の
期間内の購買履歴データについて顧客ごとに集計する。期間は１か月や１年な
ど比較的長く設定される。

Recency 　基準日からの直近の来店日までの期間

Freqency 　期間内の累積来店回数（もしくは累積来店日数）

Monetary　期間内の累積購買金額

このうち，F と M は値が大きいほうがランクが高くなる。これは購買金額や購買回数は直接的に店舗にもたらした売上や利益を表していることからも理解できよう。

これに対して，直近の購買のほうがその店舗への印象が残っていたり，直近のニーズにあわせた購買をしていると想定されることから，R は値が小さいほど，すなわち期間が短いほどランクが高い。

例えば，現在が 10 月 1 日として，ある顧客の先月 1 か月の購入履歴が表 4.1 のように記録されていたとする。

表 4.1　購入履歴の例

日	購入商品	単価（円）	購入数量（個）	購入金額（円）
9 月　1 日	野菜	50	2	100
9 月　1 日	加工食品	200	1	200
9 月　8 日	調味料	500	1	500
9 月　8 日	野菜	100	3	300
9 月 21 日	鮮魚	150	2	300
9 月 21 日	惣菜	400	1	400

このとき，この顧客の R 値は 10 月 1 日から 9 月 21 日までの「10（日間）」，F 値は購買日数である「3（日）」，M 値は金額合計の「1800（円）」となる。

RFM 分析では，各基準の組み合わせによって，顧客の評価やマーケティング施策を変えていく必要がある。

各基準の組み合わせと，そのセグメントの解釈について説明する。

R＝高，F，M ＝高　優良顧客と判定される，離反を防ぐべき最優先のセグメントである。金銭的なプロモーションよりも，むしろこの顧客セグメントのニーズに合致するようなマーチャンダイジングが LTV（lifetime value：顧客生涯価値）の向上につながる。

R＝高，F，M ＝低　新規顧客もしくは特定の目的にだけ使われている可能性があるセグメントといえる。新規顧客の場合はリピートにつなげるマーケティング施策を打つことが考えられる。

R＝低，F，M ＝高　過去は頻繁に来店し，購入金額も高かったものの，何

らかの理由で離反に結びついてしまったセグメントと考えられる。再度来
店を促すようなプロモーションを実施する必要があるといえる。

R＝低，F, M ＝低　偶然立ち寄ったなど，この顧客セグメントにとっての
メイン店舗ではない可能性があるため，優先順位は低い。

ここでは，この節のデシル分析で用いたのと同じデータを用い，1 年のうち
1 月からの 11 か月間のデータを用いて RFM 分析を行って RFM のランクを求
め，その後の 12 月 1 か月間の来店・購入状況を確認する。

そのために，必要なデータを読み込み（ファイルはデシル分析と同じ
`sec4-1data.csv`），RFM のスコアを計算する 11 月 30 日までと，検証のた
めの 12 月 1 日以降のデータに分割する。なお，読み込みの際に，「日付」の列
は年月日の形式で読み込むようにオプションを付与している。

このプログラムをコード 4.6 に示す。7 行目と 8 行目で 2013 年 11 月 30 日ま
でかその後の期間かでデータを分割している。このうち，前者の `df_rfm_data`
で RFM 分析を進める。

コード 4.6　RFM 分析のためのデータの準備

```
1    import pandas as pd
2
3    # データの読み込み
4    df_rfm_data_org = pd.read_csv('in/sec4-1data.csv', parse_dates=['日
         付'])
5
6    # データの分割
7    df_rfm_data = df_rfm_data_org[df_rfm_data_org['日付'] <=
         '2013-11-30']
8    df_rfm_data_dec = df_rfm_data_org[df_rfm_data_org['日付'] >
         '2013-11-30']
```

まず，R については各モニタの購入日についてもっとも新しい日付を計算し，
それを基準日から引くことで直近購買期間からの日数を計算することで求めら
れる。ここで，基準日はデータ期間の次の日，すなわち 2013 年 12 月 1 日とす
る。プログラムはコード 4.7 である。基準日については数値を `datetime` 型に
変換している。

コード 4.7　R 値の計算

```
1    from datetime import datetime
```

```
2   # R 値の計算
3   # 各モニタの最大日付を抽出
4   Rvalue = df_rfm_data[['モニタ', '日付']].groupby('モニタ').max()
5   Rvalue['R 値'] = (datetime(2013, 12, 1) - Rvalue['日付']).dt.days
6   Rvalue = Rvalue[['R 値']]
```

　次に，F については，このデータでは出現する「日付」の数が相当する。店舗のPOSデータの場合は，管理番号としてのレシート番号などが記録されることが一般的であり，このレシート番号により来店回数を計算できる。この場合は例えば同じモニタが一日に2回来店すれば異なるレシート番号となるため，来店回数は2回とカウントできる。本データの場合は，一度「モニタ」と「日付」をキーとして定義し，それらの重複をデータフレームの duplicated メソッドで判定する。そして重複していない行のみを対象としてモニタごとに groupby メソッドによって集計し，日付の数をカウントして求めている。

コード 4.8　F 値の計算
```
1   # F の値
2   Fvalue = df_rfm_data[~df_rfm_data.duplicated(subset=['モニタ', '日
        付'])].groupby(['モニタ'])[['日付']].count()
3   Fvalue = Fvalue.rename(columns={'日付': 'F 値'})
```

　最後に，M については「モニタ」をキーとして「金額」の合計を計算すればよい（コード 4.9）。

コード 4.9　M 値の計算
```
1   # M の値
2   df_M_groupby = df_rfm_data.groupby('モニタ')
3   Mvalue = df_M_groupby.agg({'金額': 'sum'}).rename(columns={'金額': '
        M 値'})
```

　上記の Rvalue, Fvalue, Mvalue に各モニタの RFM 値が別々に保存されているため，これをあわせるとともに，それぞれをランクに分割する。ただし，今回の分析で用いているデータは小規模で，データに含まれるモニタは102名と少ないため，各指標について中央値を閾値として2分割することとする。整理のために一度別のデータフレーム (RFM_HL) に今までの結果をコピーし，各クラス（ランクが高ければH，低ければL）の列を加える。そしてそれらのランクを結合しておく。前述のとおり R は小さい，すなわち直近購買日からの期間が

短いほどランクが高くなるので，不等号の向きが逆になることに注意されたい。

　以下のコード 4.10 がそのためのプログラムで，RFM のクラス（高クラスを H，低いクラスを L とする）の判定を行っている。5〜7 行目で RFM 値それぞれの中央値を求めており，9〜11 行目で R, F, M の高クラスと低クラスを識別している。

コード 4.10　RFM クラス

```
1    # RFM 値の結合と整形
2    RFM = Rvalue.join(Fvalue).join(Mvalue)
3
4    # 中央値の計算
5    R_thres = Rvalue['R 値'].median()
6    F_thres = Fvalue['F 値'].median()
7    M_thres = Mvalue['M 値'].median()
8
9    RFM['Rclass'] = np.where(RFM['R 値'] < R_thres, 'H', 'L')
10   RFM['Fclass'] = np.where(RFM['F 値'] > F_thres, 'H', 'L')
11   RFM['Mclass'] = np.where(RFM['M 値'] > M_thres, 'H', 'L')
12
13   RFM['RFMclass'] = RFM['Rclass'] + RFM['Fclass'] + RFM['Mclass']
14
15   # 最初の 10行の出力
16   RFM.head(10)
```

　これまでのプログラムを実行すると，RFM_HL が図 4.6 のように出力される。図 4.6 一番右の列の RFMclass を顧客のセグメントとする。

　なお，中央値は R_thres=51.5, F_thres = 5.0, M_thres = 6850.0 であった。

　以上により，各モニタの RFM セグメントを求めることができた。そして，その後の購買状況をセグメントごとに集計して比較することで，こうした購買行動に基づくセグメンテーションにどのような効果があるかを確かめる。

　そのために，12 月の購買（コード 4.6 中の df_rfm_data_dec データフレーム）のモニタごとの購買を計算し，RFM セグメントごとに比較した。ここでは，12 月 1 か月間での来店の有無と購入数量の平均について集計している。コード 4.11 にプログラムを示す。14 行目のコードでセグメント（LLL から HHH までの 8 セグメント）ごとの購入数量の平均を計算している。また 17 行目で再購入の人数を求めている。

	R値	F値	M値	Rclass	Fclass	Mclass	RFMclass
モニタ							
14	78	1	1306	L	L	L	LLL
15	139	1	2880	L	L	L	LLL
16	169	17	38163	L	H	H	LHH
20	1	31	41323	H	H	H	HHH
21	281	1	1949	L	L	L	LLL
28	108	10	25263	L	H	H	LHH
32	48	9	8745	H	H	H	HHH
37	1	86	184043	H	H	H	HHH
38	5	117	507478	H	H	H	HHH
46	61	8	9978	L	H	H	LHH

図 4.6　RFM 値とクラス

コード 4.11　RFM セグメント別の 12 月の購入状況

```
1   # 12月のモニタ別購入状況の集計
2   df_rfm_dec_groupby = df_rfm_data_dec.groupby('モニタ')
3   pt_rfm_dec = df_rfm_dec_groupby.agg({'購入数量': 'sum'})
4
5   # 12月の購入を列結合
6   RFM_evaluate = RFM.join(pt_rfm_dec)
7   # NaN の場合は 0 を代入
8   RFM_evaluate['購入数量'] = RFM_evaluate['購入数量'].fillna(0.)
9   # 来店(購入数量>0)の評価
10  RFM_evaluate['12月来店'] = np.where(RFM_evaluate['購入数量'] == 0, 'N
        ', 'Y')
11
12  # セグメントごとの 12月の購入状況の評価
13  # セグメントごとの購入数量
14  mean_q = RFM_evaluate[['RFMclass', '購入数量']].groupby('RFMclass').
        mean()
15
16  # 再購入の有無の人数
17  rebuy = pd.crosstab(RFM_evaluate['RFMclass'], RFM_evaluate['12月来
        店'])
18
19  # 再購入率の計算
```

```
20   ratio = rebuy['Y'] / (rebuy['Y'] + rebuy['N']) * 100
21   ratio.name = 'rebuy'
22
23   # 結果の結合
24   rebuy_result = rebuy.join(ratio).join(mean_q)
25   rebuy_result.columns = ['再購入なし', '再購入あり', '再購入率 (%)', '平
         均購入数量']
26
27   # 結果の出力
28   rebuy_result
```

　結果が図 4.7 である。セグメントのモニタ数が極端に少ないところを除き，ランクが高いほど再購入率が上がり，また購入数量もかなり多くなることがわかる。特に，食品や日用品の小売店では，Recency のランクが下がると再来店確率が低くなり，離反にもつながるため，既存顧客がどのくらいの期間来店していないかについて注視することは，重要な顧客管理の要素といえよう。

RFMclass	再購入なし	再購入あり	再購入率	平均購入数量
HHH	9.0	25.0	73.529412	39.441176
HHL	2.0	1.0	33.333333	1.333333
HLH	2.0	0.0	0.000000	0.000000
HLL	9.0	3.0	25.000000	2.000000
LHH	6.0	2.0	25.000000	12.375000
LHL	2.0	0.0	0.000000	0.000000
LLH	6.0	1.0	14.285714	1.142857
LLL	31.0	3.0	8.823529	1.088235

図 4.7　RFM 分析の評価

4.2　健康志向の消費者に特徴的な購買行動を探る

　日本政策金融公庫農林水産事業の平成 31 年 1 月消費者動向調査によると，食

については「健康志向」と「経済性志向」が上昇傾向で，特に「健康志向」は46.6%と過去最高を記録した[1]。

健康補助食品は20年前に比べて市場の大きさは3倍にもなり，有望なマーケットと考えられる（図4.8）。しかし，こうした健康商品は必ずしも生活上必要というわけでもなく，また価格も一般商品より比較的高価な場合も多く，すべての世帯で購入されるようなものではない。そこで，どのような購買行動が健康食品と関連しているかについて分析を通じて考察する。

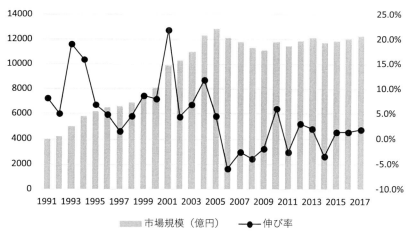

図4.8　健康補助食品市場の推移（健康産業新聞 (2019)[1] をもとに作成）

ここでは，モニタの健康食品の購買の有無に関する分類問題を考える。そして，モニタの個人属性を説明変数として取り上げ，二項ロジスティック回帰モデル[2]によって分析する。

二項ロジスティック回帰分析では，重回帰分析と同様に説明変数とそのパラメータによる線形関数を反応の有無の予測に用いるものである。ただし反応の有無は0もしくは1であるため，以下のような関係を考える。

$$f(x) = \frac{\exp\{x\}}{1 + \exp\{x\}} \tag{4.1}$$

この関数は，図4.9のようなS字型のカーブとなり，xが小さいほど0に近づき，大きいほど1に近づくため，反応確率を求めることができる。xのかわ

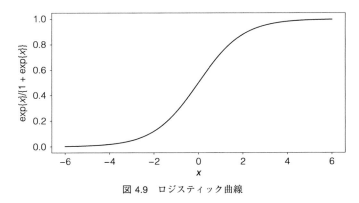

図 4.9　ロジスティック曲線

りに，回帰分析のような説明変数による関数を考えることで，説明変数の大小が反応にどのように影響を与えるかを評価することができる。

　データは QPR データを加工して作成した sec4-2data.csv であり，モニタ列に続いて，健康食品購入の有無（0 ＝ 購入経験なし，1 ＝ 購入経験あり），ほか上位小カテゴリの購入総額に対する比率（14 カテゴリ）からなる。コード 4.12 を実行し，必要なモジュールとデータの読み込みと確認を行う（出力は図 4.10 である）。

コード 4.12　データの読み込みと散布図行列の出力

```
1   # モジュールの読み込み
2   import pandas as pd
3   import seaborn as sns
4   import matplotlib as mpl
5   import statsmodels.api as sm
6
7   # データの読み込み
8   df_logi = pd.read_csv('in/sec4-2data.csv')
9
10  # 先頭 10行の出力
11  df_logi.head()
```

	モニタ	健康食品購入有無	菓子	清涼飲料	パン・シリアル類	農産	水物	麺類	デザート・ヨーグルト	乳飲料	調味料	冷凍食品	飲料類	アルコール飲料	調理品	菓実飲料
0	13	1	0.191606	0.082117	0.031022	0.000000	0.065693	0.093066	0.023723	0.025547	0.040146	0.060292	0.009124	0.047445	0.056569	0.016423
1	14	1	0.202192	0.141291	0.168697	0.069428	0.031669	0.010962	0.097442	0.057759	0.024970	0.004872	0.011571	0.000609	0.015225	0.078568
2	15	0	0.205387	0.148143	0.161918	0.030303	0.013468	0.010101	0.050505	0.006734	0.016835	0.176451	0.016835	0.000000	0.016835	0.040404
3	16	1	0.182081	0.069085	0.059530	0.137069	0.075038	0.045023	0.032016	0.042021	0.087519	0.044022	0.022511	0.065583	0.007504	0.007504
4	18	0	0.000000	0.250000	0.000000	0.000000	0.750000	0.000000	0.000000	0.000000	0.000000	0.000000	0.000000	0.000000	0.000000	0.000000

図 4.10　読み込んだデータ

　データの散布図行列の一部を出力するプログラムをコード 4.13 に示す。ここでは，7 行目で健康食品購入有無からパン・シリアル類までの 4 列を抜き出している。また，matplotlib でなく seaborn モジュールを使っている。出力される散布図行列を図 4.11 に示す。

コード 4.13　散布図行列の出力

```
1    # 散布図行列の一部の出力
2
3    # 日本語環境(matplotlib の rcParams を設定してもよい)
4    import japanize_matplotlib
5
6    # seaborn による散布図行列の作成
7    sns.pairplot(df_logi.iloc[:, 1:5], # データ
8        hue = '健康食品購入有無', # 健康食品購入有無によって色分け
9        markers = ['X', 'o'], # マーカーの指定
10       diag_kind = 'kde', # 対角要素の分布にカーネル密度推定を指定
11       diag_kws = dict(shade=False)) # 対角要素に色を塗らない
```

　図 4.11 はいくつかのカテゴリ購買と健康食品購買の有無の様子を表しており，色の濃淡で健康食品購入の有無の違いを表している。対角要素の確率分布は各カテゴリにおける健康食品購入有無別の分布となっている。また非対角項の散布図は，変数間の散布図であり，こちらも健康食品の購入の有無別になっている。例えば清涼飲料の確率分布をみると，値が大きい領域ではほとんど健康食品の購入がないことがわかる。また，清涼飲料と菓子の散布図をみると，清涼飲料の値が大きく，菓子の値が小さい領域での健康食品の購入がほとんどないこともわかる。

　こうしたデータを用いて，Python でロジスティック回帰分析を行うには，統計分析モジュールの statsmodel と機械学習モジュールの sckit-learn がよく用いられるが，ここでは，結果に関する統計情報が一度に多く表示される statsmodel を用いた分析例を示す。ロジスティック回帰分析は一般化線形モデル (generalized linear model: GLM) の一種であり，リンク関数を指定することで分析できる。本データのロジスティック回帰分析はコード 4.14 のプログラムを実行する。5 行目と 8 行目でそれぞれ目的変数と説明変数を設定している。説明変数のほうは 2 列目以降をまとめて抽出するため iloc による指定を行っている。11 行目でモデルを指定しているが，ここでは，sm.add_constant()

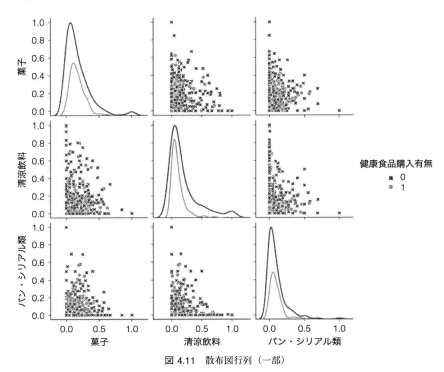

図 4.11　散布図行列（一部）

によって，定数項を含むモデルであることを宣言している。設定されたモデル
に対して，14 行目でパラメータ推定を実行している。

コード 4.14　ロジスティック回帰分析の設定と実行

```
1   # モジュールの読み込み
2   import statsmodels.api as sm
3   # ロジスティック回帰分析
4   # 目的変数
5   y = df_logi['健康食品購入有無']
6
7   # 説明変数
8   X = df_logi.iloc[:, 2:]
9
10  # ロジスティック回帰分析のモデルの設定
11  logistic_model = sm.Logit(y, sm.add_constant(X))
12
13  # パラメータの求解
14  logistic_res = logistic_model.fit()
```

求められたパラメータ結果と関係する統計量の出力にはコード 4.15 を実行する。図 4.12 が出力される。なお，パラメータのみ取り出したいときは `logistic_res.params` を実行すればよい。

コード 4.15　ロジスティック回帰分析の設定と実行

```
1   # 分析結果の概要の出力
2   logistic_res.summary()
```

この結果より，健康食品購入経験確率 p_i は，

$$p_i = \frac{\exp\{-0.580 - 0.223 \times 菓子比率 - 2.550 \times 清涼飲料 \cdots\}}{1 + \exp\{-0.580 - 0.223 \times 菓子比率 - 2.550 \times 清涼飲料 \cdots\}} \tag{4.2}$$

として得られる。

ただし，パラメータの統計的な有意性の評価に使われる P 値（図 4.12 の P > |z| 列の値）が高く，統計的に有意でない変数も多くみられるため，購入経験の有無に影響しない変数も入っているといえる。こうした場合は，予測精度を保ちながら用いる変数を制限する変数選択がしばしば行われる。変数選択にはいくつもの方法があるが，ここでは一例として，得られた P 値をもとに変数選択を行う。P 値は，統計的仮説検定の際に用いられる帰無仮説のもとで，サンプルから求められる検定統計量がその値になる確率である。二項ロジスティック回帰分析では，パラメータの値が 0 であることを帰無仮説としており，P 値が小さいほど，有意に 0 でない値となる確率が大きくなる。ここでは，上記のうち P 値が 0.2 未満の変数に着目し，次のように変数を限定して上記の説明変数のかわりにして再度分析する。コード 4.16 を実行し，結果を出力する。結果は図 4.13 である。

コード 4.16　変数を制限したロジスティック回帰分析の設定と実行

```
1    # 変数を限定したモデル
2    # 限定した説明変数
3    X2 = df_logi.loc[:, ['清涼飲料', '乳飲料', '冷凍食品']]
4
5    # モデルの作成とパラメータの求解
6    logistic_model2 = sm.Logit(y, sm.add_constant(X2))
7    logistic_res2 = logistic_model2.fit()
8
9    # 結果の出力
10   logistic_res2.summary()
```

Logit Regression Results

Dep. Variable:	健康食品購入有無	No. Observations:	480
Model:	Logit	Df Residuals:	465
Method:	MLE	Df Model:	14
Date:	Tue, 25 Aug 2020	Pseudo R-squ.:	0.05987
Time:	17:52:04	Log-Likelihood:	-278.01
converged:	True	LL-Null:	-295.71
		LLR p-value:	0.001278

	coef	std err	z	P>|z|	[0.025	0.975]
const	-0.5801	0.605	-0.958	0.338	-1.766	0.606
菓子	-0.2234	0.884	-0.253	0.800	-1.956	1.509
清涼飲料	-2.5495	0.908	-2.808	0.005	-4.329	-0.770
パン・シリアル類	-0.7018	1.017	-0.690	0.490	-2.696	1.292
農産	-0.1597	1.899	-0.084	0.933	-3.882	3.563
水物	-1.6202	2.111	-0.767	0.443	-5.758	2.518
麺類	-0.3918	1.729	-0.227	0.821	-3.780	2.997
デザート・ヨーグルト	0.1648	1.562	0.106	0.916	-2.896	3.226
乳飲料	3.1823	2.236	1.423	0.155	-1.201	7.566
調味料	2.4932	2.918	0.854	0.393	-3.226	8.212
冷凍食品	3.6148	2.475	1.460	0.144	-1.236	8.466
惣菜類	0.1949	2.808	0.069	0.945	-5.308	5.698
アルコール飲料	-1.0394	1.145	-0.908	0.364	-3.284	1.205
調理品	2.8590	2.655	1.077	0.282	-2.345	8.063
果実飲料	-0.7242	2.053	-0.353	0.724	-4.749	3.300

図 4.12　ロジスティック回帰分析の結果

Logit Regression Results

Dep. Variable:	健康食品購入有無	No. Observations:	480
Model:	Logit	Df Residuals:	476
Method:	MLE	Df Model:	3
Date:	Tue, 25 Aug 2020	Pseudo R-squ.:	0.05083
Time:	17:52:24	Log-Likelihood:	-280.68
converged:	True	LL-Null:	-295.71
		LLR p-value:	1.338e-06

	coef	std err	z	P>|z|	[0.025	0.975]
const	-0.7123	0.171	-4.169	0.000	-1.047	-0.377
清涼飲料	-2.5494	0.708	-3.598	0.000	-3.938	-1.161
乳飲料	3.3946	2.085	1.628	0.104	-0.692	7.481
冷凍食品	4.6138	2.310	1.997	0.046	0.087	9.141

図 4.13　変数を制限したロジスティック回帰分析の結果

	予測クラス=0	予測クラス=1
観測クラス=0	158	175
観測クラス=1	39	108

図 4.14　混同行列

　これをみると，清涼飲料の比率が低いほど，また冷凍食品の比率が高いほど健康食品の購入経験に結びついていることがわかる。乳飲料については有意水準は 5%とすると統計的に有意ではないものの，乳飲料の比率が高いほうが健康食品の購入に結びつく可能性があることがうかがえる。

　この結果を用いて，予測精度を評価する。評価の方法は様々にあるが，ここでは混同行列を用いた評価を行う。

　混同行列は，実際のクラスと予測されたクラスからなる分割表であり，図 4.14 のように表示される。これらは，scikit-learn のなかのモジュールを使うことで容易に計算できる（コード 4.17）。4 行目で得られた予測値（区間 (0, 1)）

のデータフレームを作成し，7行目でクラス判定をしている。ここでは，クラス0とクラス1の構成比率の偏りを考慮し，分析データの1のクラスの構成比率の値以上であればクラス1，そうでなければ0としている（一般には0.5を閾値としたクラス判定が行われる）。

コード4.17 混同行列の作成

```
1   # 混同行列と精度計算のためのモジュールの読み込み
2   from sklearn.metrics import confusion_matrix, accuracy_score,
        precision_score, recall_score, f1_score
3
4   # 予測確率の計算
5   pred_class = pd.DataFrame(logistic_res2.predict())
6
7   # クラスに変換(購入経験ありの構成比率以上であれば 1,そうでなければ 0)
8   pred_class = pred_class.iloc[:, 0].map(lambda x: 1 if x>=y.sum() / y.
        count() else 0)
9
10  # 混同行列の作成
11  conf_mat = pd.DataFrame(confusion_matrix(y, pred_class))
12  conf_mat.index = ['観測クラス=0', '観測クラス=1']
13  conf_mat.columns = ['予測クラス=0', '予測クラス=1']
14
15  # 混同行列の出力
16  conf_mat
```

　もしもすべてのケースで予測クラスが実際のクラスと一致するならば，混同行列の対角要素のみが正の値をもち，非対角要素は0となるが，一般にはそうならず誤判別が起こる。そこで，この混同行列からどのくらいのよい予測ができているかについての評価を行う。混同行列の精度評価については次のような指標が用いられる。

$$\text{Accuracy（正解率）} = \frac{\text{TP} + \text{TN}}{\text{TP} + \text{FP} + \text{TN} + \text{FN}} \tag{4.3}$$

$$\text{Precision（適合率）} = \frac{\text{TP}}{\text{TP} + \text{FP}} \tag{4.4}$$

$$\text{Recall（再現率）} = \frac{\text{TP}}{\text{TP} + \text{FN}} \tag{4.5}$$

$$\text{F1-measure（F1値）} = \frac{2 \times \text{Precision} \times \text{Recall}}{\text{Precision} + \text{Recall}} \tag{4.6}$$

　式 (4.3)〜(4.5) の TP, FP, FN, TN は，それぞれ図 4.14 において観測クラスが 1 のときを陽性 (positive) クラスとするとき，（観測クラス，予測クラス）が (1, 1), (1, 0), (0, 1), (0, 0) それぞれの場合を順に TP (True Positive), FN (False Negative), FP (False Positive), TN (True Negative) という。

　Accuracy はデータ全体に対して，正しくクラスを予測できた比率を示している。しかし，購入に至る顧客を見つけたい場合に，いくら購入しない顧客を当てても直接的には寄与しない。そこで，関心のあるクラス（クラス=1）においてどの程度の精度があるかを考えるものが，残りの 3 つの指標である。Precision はクラス=1 と予測されたケースが実際にどれだけクラス=1 であったかを示したものであり，Recall は実際にクラス=1 であるケースをどれだけクラス=1 と予測できたかの割合を示す。これらの 2 つの指標はトレードオフの関係にあり，Precision を高くしようと思えば，確実にクラス=1 となるであろうケースのみの予測クラスを 1 としてほかを 0 とすればよいが，この場合は Recall は限りなく小さくなる。このような状況に対して，比率である Precision と Recall それぞれの逆数の算術平均の逆数である調和平均を計算した指標が F1–measure であり，両者を考慮してそこそこよい予測であることを示している。

　本例においては，対象の 480 モニタのうち，健康食品購入経験があるモニタは 173 と偏りのあるデータであるため，予測クラスは予測値が $173/480 (= 0.360)$ 以上の場合に購入経験があると予測することとした。Precision, Recall, F1–measure については，クラス=1 について求めている。各精度評価指標の計算はコード 4.18 のプログラムを実行する。

コード 4.18　精度評価指標の計算

```
1    # 各種精度の計算
2    print('accuracy: ', accuracy_score(y, pred_class))
3    print('precision: ', precision_score(y, pred_class))
4    print('recall: ', recall_score(y, pred_class))
5    print('f1: ', f1_score(y, pred_class))
```

　出力結果より，各評価指標値は Accurary=55.4%，Precision=38.2%，Recall=73.5%，F1 値=50.2%となる。

例題 4.2　上記の問題において，閾値を変えてクラス判別をした場合の混同行列を作成し，結果を比較してみよ。

解答　　例えば，閾値を 0.3，すなわち予測確率が 0.3 以上の場合にクラス＝1，そうでないときにクラス＝0 としたときは，次のように判別式を変えて混同行列を作成する。したがって，コード 4.17 をコード 4.19 のように書き換えればよい。

コード 4.19　混同行列の作成

```
1   # クラスに変換(0.3以上であれば 1,そうでなければ 0)
2   pred_class = pred_class.iloc[:, 0].map(lambda x: 1 if x>=0.3 else
        0)
```

結果は，図 4.15 のようになる。

	予測クラス=0	予測クラス=1
観測クラス=0	153	180
観測クラス=1	34	113

図 4.15　閾値を 0.3 としたときの混同行列

4.3　健康食品を購入する消費者の特徴分析

前節では購買行動から健康食品を購入する消費者像を分析したが，ターゲティングを考えるうえでは，消費者属性も重要な基準となる。そこで本節では，健康食品購入に結びつく消費者の属性について分析する。

前節に続いて健康食品の購入履歴があるか否かの分類モデルを考えるが，本節では決定木分析[3] を行う。

決定木分析は，もっともよく使われているといわれる機械学習手法の 1 つで，クラス判別問題を解くために，複数の説明変数のなかから同じクラスのデータが同じグループになるように分割できるようなある変数と分割のための閾値を定め，データを 2 つないし複数の集合に分割する手法である。分割されたグループについて，さらに変数と閾値を決めながら同質なグループになるように分割していく。図示すると根から枝が分かれるようにみえることからも「決定木」分析と呼ばれている（図 4.16）。

枝の分割はグループ（ノード）内の不純度が小さくなるように行われ，その指標としては，分割されたグループに所属するクラスの比率の 2 乗の和から求

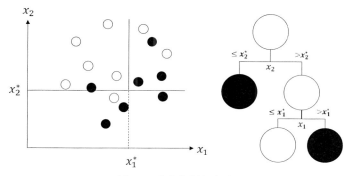

図 4.16 決定木分析の概念

める Gini（ジニ）係数や，情報理論におけるエントロピーなどが用いられる。

こうした指標に対して，2 つのグループに分割したときのこれらの値の改善度が一番高いような変数とその閾値により分割が行われる。例えば Gini 係数の場合，分割前の Gini 係数から，要素数でウェイト付けした分割後の Gini 係数の和を引いた差分が最大となるような変数と閾値が分割基準として求められる。この操作を繰り返しながら，深さやノードに含まれる要素数などに関する停止条件を満たすまで木を成長させる。

本節では，小分類の「健康食品」カテゴリの購買経験の有無の分類を決定木分析によって行う。説明変数としては，各モニタの「性別」「年代」「未既婚」「乳幼児有無」「小学生有無」「中高生有無」「大人有無」「老人有無」を用いている[*1]。QPR データを加工して作成したデータは sec4-3data.csv である。データに含まれるモニタ数は 486 である。決定木分析は scikit-learn のなかの tree モジュールを用いる。モジュールとデータの読み込みをコード 4.20 で行い，データの最初の部分を出力する（図 4.17）。

コード 4.20　決定木分析のためのデータの読み込み

```
1   # 必要なモジュールの読み込み
2   import pandas as pd
3   from sklearn import tree
4
5   # 決定木分析用データの読み込み(健康食品の購入の有無とモニタ属性)
```

[*1]　同じモニタでもデータ期間内でこれらの属性が変わっている場合があるため，ここでは各モニタの項目ごとの最大値を属性値としている。

```
6    df_tree = pd.read_csv('in/sec4-3data.csv')
7
8    # 最初の5行の出力
9    df_tree.head()
```

	モニタ	購入数	購入の有無	性別	年代	未既婚	乳幼児有無	小学生有無	中高生有無	大人有無	老人有無
0	13	19	1	1	5	1	0	0	0	1	1
1	14	10	1	2	11	3	0	0	0	0	1
2	15	0	0	2	10	3	0	0	0	1	0
3	16	5	1	2	11	2	0	0	0	1	1
4	18	0	0	1	11	2	0	0	0	0	1

図 4.17 決定木分析のためのデータ

読み込んだデータについて，コード 4.21 により決定木分析を実行する。2 行目と 5 行目で目的変数（購入経験の有無）と説明変数（性別～老人有無）を設定し，それぞれ y と X に代入する。決定木の設定ならびにデータへのフィッティングを 10, 11 行目で行う。なお，分割基準は Gini 係数，最大の枝の分割の深さは 3 としている。

コード 4.21　データの設定と決定木分析の実行

```
1    # 目的変数の設定
2    y = df_tree.iloc[:, 2]
3
4    # 説明変数の設定
5    X = df_tree.iloc[:, 3:]
6    # 説明変数をカテゴリ変数に変更
7    X = X.astype('category')
8
9    # 決定木の設定と実行
10   clf = tree.DecisionTreeClassifier(criterion='gini', max_depth = 3)
11   clf_res = clf.fit(X, y)
```

分析結果は木の図示がしばしば行われる。そのためのプログラムをコード 4.22 に示す。pydotplus と graphviz モジュールがインストールされていない場合は，プログラム実行の最初でそれらのインストールを実行する（2, 3 行目）。すでにインストールされている場合は，この部分は不要である。Python の決

定木分析では，グラフ構造を記述するデータ記述言語である dot ファイル形式
のオブジェクトを生成し，それを graphviz によって木として表示している。
graphviz については公式ウェブサイト[4]) を参照されたい。出力された決定木
を図 4.18 に示す。各項目の意味は 2.1 節を参照されたい。

コード 4.22　データの設定と決定木分析の実行

```
1   # モジュールのインストール(インストールされていない場合)
2   !pip install pydotplus
3   !pip install graphviz
4
5   # 決定木グラフ表示のためのモジュール
6   import pydotplus
7   from IPython.display import Image
8   from graphviz import Digraph
9   import io
10
11  # 文字列を読み込める変数の生成
12  dot_data = io.StringIO()
13
14  # 得られた決定木をdot ファイルに編集
15  dot_data = tree.export_graphviz(clf, # 用いる結果
16      out_file=None, # ファイルへの出力はなし
17      feature_names=X.columns, # 説明変数名 (日本語を使う場合)
18      class_names=['nobuy', 'buy'], # 目的変数名(0, 1を変更)
19      rounded=True, # ノードの角を丸くする
20      max_depth=3) # 表示する木の深さ
21
22  # dot ファイルを Python で読めるように取り出す
23  graph = pydotplus.graph_from_dot_data(dot_data)
24
25  # 日本語フォントの設定
26  graph.set_fontname('IPAGothic')
27  # ノードの日本語フォント設定
28  for node in graph.get_nodes():
29      node.set_fontname('IPAGothic')
30  # エッジの日本語フォント設定
31  for e in graph.get_edges():
32      e.set_fontname('IPAGothic')
33
34  # 画像ファイルを書き出すときは以下を実行
35  graph.write_pdf('out/dt_result.pdf') # pdf ファイルの場合
36
```

```
37    # Jupyter Notebook 上に決定木を表示
38    Image(graph.create_png())
```

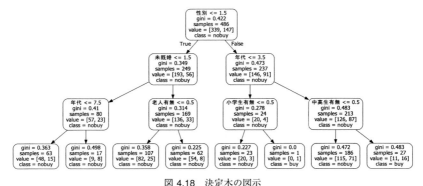

図 4.18　決定木の図示

　この木から，まず，性別が分割基準であることがわかる。さらに，右側の枝
（女性）については年代で分割される。このように各ノードで分割がされ，一番
下のノードのいずれかに分類される。一般的には終端ノードはもっとも構成比
率の高いクラスであると判定される。

　例えば，図 4.18 の一番左の枝をたどると，「男性，未婚，60 代以下」であり，
未購入者が 48 名，購入者が 15 名でこのノードは健康食品は未購入と判定され
る。一人暮らしで働いている男性の多くが健康食品には関心が薄いのかもしれ
ない。逆に，一番右の枝をたどると，「女性，30 代未満，中高生の子供なし」と
比較的若年の女性のノードであり，こういった顧客は健康食品を購入しがちで
ある。

　各モニタのクラスの予測値の算出とその評価を行う。評価は 4.2 節と同様に混
同行列を作成し精度評価を行う。例えば Accuracy を計算するにはコード 4.23
を実行する。その結果，約 71% の Accuracy となった。

コード 4.23　決定木分析結果の精度評価

```
1    #精度の評価
2    from sklearn.metrics import accuracy_score
3    predicted = clf_res.predict(X)
4    print('Accuracy:', accuracy_score(y, predicted))
```

例題 4.3　これまでの分析例では，木の深さを 3 までとした。精度をみると 71% とあるが，実は混同行列をみるとほとんどが「未購入」に分類された結果となってしまっている。そこで，木をさらに深くして混同行列がどのように変わるかを確認してみよ。

解答　例えば木の深さを 10 とするならば，コード 4.22 においてコード 4.24 のように修正すればよい。また，その下の混同行列の作成プログラムを実行する。

コード 4.24　木の深さを 10 に設定

```
1   # 目的変数の設定
2   y = df_tree.iloc[:, 2]
3
4   # 説明変数の設定
5   X = df_tree.iloc[:, 3:]
6   # 説明変数をカテゴリ変数に変更
7   X = X.astype('category')
8
9   # 決定木の設定と実行(深さ 10)
10  clf = tree.DecisionTreeClassifier(criterion='gini', max_depth=10)
11  clf_res = clf.fit(X, y)
12
13  # 精度の評価
14  from sklearn.metrics import confusion_matrix
15  conf_mat10 = pd.DataFrame(confusion_matrix(y, clf.predict(X)))
16  conf_mat10.index = ['観測=未購入', '観測=購入']
17  conf_mat10.columns = ['予測=未購入', '予測=購入']
18  conf_mat10
```

このときの混同行列は図 4.19 として得られる。

	予測=未購入	予測=購入
観測=未購入	317	22
観測=購入	83	64

図 4.19　深さ 10 の場合の混同行列

　ただし，木の構造が大変複雑になることで解釈が困難になったり（実際に決定木を出力してみるとよい），もしくは分析に使ったデータでは精度がよくても，木の作成に使わなかった別のデータに対してのあてはまりが悪くなるといったことも起こりうる。すなわち汎化性能のないモデルとなることもあるので，どのようなモデ

ルがよいモデルなのかは注意が必要である。

　こうした問題を解決するために，データの一部を検証データとして除き，残りの学習データでモデルのパラメータを求め，検証データで精度評価をするホールドアウト法や，複数のグループにデータを分割し，そのうちの1つのグループを検証データとしてグループの数だけ学習と検証を繰り返す交差検証法などが用いられる。詳しくは専門書（例えば Géron の著書[5]）を参照されたい。

章 末 問 題

(1) 本書用に公開されているデータを用いて，購買金額による顧客のデシル分析をせよ。上位ランクおよび下位ランクの顧客に特有の購買行動について論じよ。

(2) 4.2節（ロジスティック回帰分析）および 4.3節（決定木分析）はいずれもクラス判別のためのモデルであるため，データを入れ替えても分析ができる。そこで，sec4-2data.csv を用いて決定木分析を，また sec4-3data.csv を用いてロジスティック回帰分析をせよ。

文　　　献

1) 健康産業新聞 (2019).【2018年総括と 2019年展望】─健食市場 2％増の 1.2兆円，青汁，プロテイン，健康茶など伸長. https://www.kenko-media.com/health_idst/archives/11674（2019年 1月 15日記事，2021年 7月 7日アクセス）

2) 丹後俊郎，高木晴良，山岡和枝 (2013). ロジスティック回帰分析：SAS を利用した統計解析の実際. 朝倉書店.

3) Breiman, L., Friedman, J. H., Olshen, R. A. and Stone, C. J. (1984). *Classification and Regression Trees*. Wadsworth.

4) graphviz 公式ウェブサイト. http://graphviz.org/（2021年 5月 20日アクセス）

5) Géron, A. (2019). *Hands-On Machine Learning with Scikit-Learn, Keras & TensorFlow (2nd Edition)*. O' Reilly.

Chapter 5

商品の分析

　本章では商品の分析として，商品間の関連性を見つける方法と価格設定を中心に扱う。まず5.1節で，企業との共同研究で実施された商品分析に関する事例を紹介する。そこでは，データ分析から得られた商品の関連性に関する結果を，スーパーマーケットでの施策にまで展開しており，データ分析から施策まで，一連の流れを把握することができる。また，5.2節では，同時購買分析として，データマイニングで利用される相関ルールの抽出と，その結果を利用した売り場の改善に関する内容を扱う。特に相関ルール抽出における問題点やその解決方法などを示している。5.3節では，価格設定に関する問題を扱っており，価格変更の効果に関する分析を価格弾力性と交差弾力性を利用して実施している。

5.1　2部グラフを利用した商品分析

　本節では，実際の企業で行われたデータ解析プロジェクト[1]の内容を紹介する。このプロジェクトは，2018年4月から1年間にわたって関西学院大学と2つの企業，株式会社マクロミルと株式会社光洋との共同プロジェクトとして実施されたものである。マクロミルが消費者購買履歴パネルデータ QPR を提供し，関西学院大学の学部生がデータサイエンティストとしてデータ解析を担当し，光洋が運営するスーパーマーケット MaxValu EX 西宮北口店 (以下，「北口店」と呼称する) にて施策を展開することで，データ解析の有効性を検証したものである。ここでは，単にデータ解析のプロセスだけでなく，現場での課題設定や施策の実施・評価についても紹介する。

5.1.1 課題は現場にあり？

　最初の会合は北口店の従業員控室で実施された。北口店の従業員はデータ解析の経験はほとんどなく，逆にデータサイエンティストは現場のことがわかっていない。そのようななか，まず両者が歩み寄るために，データサイエンティストからはデータ解析手法の簡単な説明をし，北口店の店長からは，経営環境および現場の課題について話をしてもらった。しかしながら，このような初期段階のミーティングで会話が弾むことはまずないと考えてよい。お互いが使う言語も違えば，背景知識もわからないからである。そのようななかで得られる課題は，「特保茶類をどのように売ればよいか？」，「オリーブオイルの売上をどうやって上げるか？」といったようなかなり大雑把な課題となってしまう。

　結論からいえば，そのような大雑把な課題であっても，何らかの分析を実施し，その結果を現場の人間とデータサイエンティストが議論すればよい。そういったプロセスを繰り返すうちに，より明確な課題がみえてくるものである。確かに「課題は現場にある」が，真の課題が何かを見出すことは一朝一夕に達成できることではない。実際のプロジェクトでは，初回会合で得られた「特保茶類をいかに売るか？」という課題を持ち帰り，手探り状態でデータ解析を進めていくことになる。なお特保とは，特定保健用食品のことで，「生理学的機能などに影響を与える保健機能成分を含む食品で，消費者庁長官の許可を得て特定の保健の用途に適する旨を表示できる食品」と定義される[2]。

5.1.2 店 舗 分 析

　北口店は，阪急西宮北口駅から南西側に徒歩 10 分の場所に位置し，食料品を主に販売するスーパーマーケットである (図 5.1)。西宮北口駅周辺は，阪神大震災以降に大規模な再開発が行われた地区であり，商業施設が多く存在する活気のある街である。線路を挟んで東側に西宮ガーデンズという大規模ショッピングセンターがあるなど，競合関係にある店も少なくない。また，店の東側と北側には阪急電鉄の線路があるため商圏が分断されている (図 5.2)。

　店の南西側の町別の人口構成は図 5.3 に示すとおりで，芦原町 (北口店が立地する町)，神祇官町はマンションが多く 30 代の若い家族が多い。森下町と神名町は高年齢の人口の割合が多いことがわかる。北口店の店長も，ファミリー

図 5.1 スーパーマーケット MaxValu EX 西宮北口店

図 5.2 スーパーマーケット MaxValu EX 西宮北口店の立地 (にしのみや WebGIS[3]) を編集)

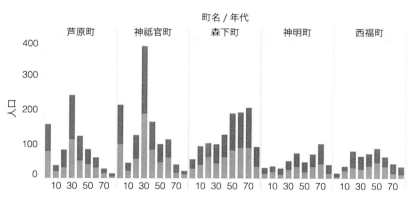

図 5.3 北口店の南西側 5 町の人口統計。横軸は 10 歳刻みの年代で縦軸が人口を表している。

層とシルバー層を意識した品揃えをしているとのことである。

5.1.3　バイクラスタリング

　以上の基礎分析を経て，特保茶類は，どのような顧客がどのようなシーンで消費するかについて分析を進めることになった。仕事の昼休みの弁当のお供に消費されることもあれば，健康とスタイルを意識した女性が毎食消費することもあるかもしれない。そういった代表的なシーンを購買データからグルーピングしようというのがここでの目的である。それでは，データからどのようにシーンをグルーピングできるのであろうか？

　例えば，似ている商品をまとめてグルーピングするという行為は，小売店では日常的に行われていることである。スーパーマーケットでは，同じような機能をもつ商品は近くに配置されているが，それは商品の機能の類似性によってグルーピングしているにほかならない。このように，商品や顧客などの物や人（以下ではオブジェクトと呼ぶ）の集まりを，その類似性によって分類することを「クラスタリング」と呼び，分類された1つのグループのことをクラスタと呼ぶ。小売業界においては，分類対象が商品であればカテゴリマネジメントと呼ばれ，対象が顧客となるとセグメンテーションと呼ばれる。

　一昔前のスーパーマーケットであれば，お茶はドリンク売り場にしか配置されていなかったが，最近のスーパーマーケットでは1か所にかためて陳列されることはまれで，弁当や惣菜売り場の横に配置されているのを目にすることも多い。これは例えば，サラリーマンが昼食を会社でとるシーンを想定しているのかもしれない。もしくは，単身者が惣菜を夕食として自宅で食べるシーンを考えてのことかもしれない。これらの「シーン」は，単に商品そのものの機能からクラスタを定義しているのでも，顧客の性別/年齢だけから顧客のクラスタを見出しているのでもない。商品，顧客，場所，時間など多様なオブジェクト間の関係性がシーンのなかには想定されており，このような関連性のクラスタリングが現代のマーケティングでは求められている（図5.4）。最近では，購入意思決定の段階を考慮し，様々なチャネルを連携させ購入経路を意識させないオムニチャネルまでシーンが細分化されており，あるカテゴリの商品は，ネットで「選び」，実店舗で「購買する」といった具合である。

図 5.4　多様なオブジェクトの関係性をクラスタリングしてシーンを演出する小売店

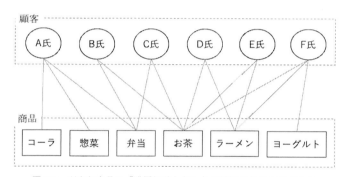

図 5.5　顧客と商品の「購買経験」という関係性を表す 2 部グラフ

　近年，このような関係性をクラスタリングする手法が注目されており，特に 2 つのオブジェクトの関係性に特化した手法としてバイクラスタリングがある。例えば，顧客と商品の 2 つのオブジェクトに注目すれば，その関係性は図 5.5 に示されるような 2 部グラフと呼ばれる構造によって表現できる。円は顧客を四角は商品を表しており，それらの間に引かれた線は「購買経験」という関係性を表している。ここで顧客や商品を表す円や四角のことを，グラフの専門用語で「節点」，そして関係性を表す線のことを「辺」と呼ぶ。「2 部」とは 2 つのグループの意味で，図では顧客グループと商品グループが点線で示されている。

　関係性をクラスタリングするとは，この図における辺に注目し，辺が「密」に引かれた部分をクラスタとして抽出するというものである。例えば，「顧客 {D, E}」と「{ お茶, ラーメン }」の関係性に注目すると，これらの節点間には引

ける辺はすべて引かれており，この2人の顧客と2つの商品に限定すればもっ
とも密な状態である。このような部分構造は専門用語でクリーク (clique) と呼
ばれる。「{D, E}–{ お茶, ラーメン }」クリークにヨーグルトを加えると，（E–
ヨーグルト），（D–ヨーグルト）には辺が引かれておらず，クリークではなくな
る。一方で，「{D, E}–{ お茶, ラーメン }」クリークに F を加えても，モニタ–
商品間にはすべて辺が引かれておりクリークである。単にクリークをクラスタ
として列挙すると，「{D, E}–{ お茶, ラーメン }」クリークと「{D, E, F}–{ お
茶, ラーメン }」クリークのように包含関係にあるようなクラスタを多数列挙し
てしまうことになる。そこで，ほかのどのクリークにも包含されないようなク
リークのみをクラスタとして列挙することで，この問題は解決できる。そのよ
うなクリークは特に「極大2部クリーク」と呼ばれる。以上のようなクラスタ
リングの方法は，2つのオブジェクトを同時にクラスタリングしているという
意味でバイクラスタリングと呼ばれ，極大2部クリークを構成する顧客と商品
のグループはバイクラスタと呼ばれる。

　このように，商品–顧客の2部グラフから極大2部クリークを列挙すること
で，先に述べた商品と顧客の関係性におけるシーンを得られることが期待でき
る。例えば，先の「{D, E, F}–{ お茶, ラーメン }」という極大2部クリーク
は，脂っこいラーメンを特保のお茶で打ち消そうとする免罪符的利用シーンと
解釈できるかもしれない。さらに，顧客 D, E, F の年齢や性別を調べるとより
具体的なシーンを描き出せるかもしれない。

5.1.4　モニタ–商品の2部グラフデータセットの作成

　それでは，QPR のデータを用いて実際にバイクラスタリングを行っていこ
う。プロジェクトでは特保茶類を対象とした分析であったが，QPR 上にはそ
のような商品分類はなく，茶類の商品1品ずつについて「特保」であるかどう
かを確かめることで新たな商品分類項目を作っていった。以下では代替的に細
分類が「日本茶・麦茶ドリンク」であるような商品を特保茶類と見なすことに
する。特保茶類を購入しているモニタが，特保茶類のほかにどのような商品を
購入しているか，顧客と商品の関係性からクラスタリングしていく。

　まずは，QPR のデータから特保茶類の購入経験をもつモニタについて，「モ

ニタ–商品」の 2 部グラフを作成する (コード 5.1)。

コード 5.1　モニタ–商品の 2 部グラフを作成するコード

```
1   import pandas as pd
2   df = pd.read_csv('in/datQpr.csv')
3   df = df[df['業態名'] == 'スーパー']
4   sel = df[df['細分類名'] == '日本茶・麦茶ドリンク']['モニタ'].
        drop_duplicates()
5   df = df[df['モニタ'].isin(sel)]
6   bigraph = df[df['細分類名']!= '日本茶・麦茶ドリンク']
7   bigraph = df[['モニタ', '商品']].drop_duplicates()
8   bigraph.to_csv('out/bigraph.csv', index=False)
9   print(bigraph)
10  print('モニタ数:', len(sel))
11  print('商品数:', len(bigraph['商品'].drop_duplicates()))
12  print('2部グラフ全行数:', len(bigraph))
```

　基本的な流れは，pandas のデータフレームとして QPR を読み込んだ後に，業態がスーパーの行のみ選択する (2,3 行目)。特保茶類 (上述のとおり「日本茶・麦茶ドリンク」で代替している) を購入したモニタのリストを作成し (4 行目)，QPR データ全体からそれらのモニタを選択する (5 行目)。特保茶類はすべてのモニタに含まれることになり，意味がないため削除する (6 行目)。そして，モニタと商品の組み合わせとして重複した行を単一化すれば 2 部グラフが完成する (7 行目)。完成した 2 部グラフは，次項で解説する極大 2 部クリークの列挙ツールが CSV ファイルの入力を前提としているため，CSV 形式として保

表 5.1　表形式によるモニタ–商品の 2 部グラフデータセット

	モニタ	商品
1123	04g	5X
1127	04g	4r
1130	04g	09k
1131	04g	ow
1134	04g	1N
⋮	⋮	⋮
222989	uy	ao
222990	uy	0y0U
222991	uy	1K
222992	uy	muI
222993	uy	hK

存しておく (8 行目)。

2 部グラフの内容は表 5.1 に示されるとおりである。配布データでは，商品名は省略記号で示されているが，実際のデータでは具体的な商品名が出力される。モニタ数は 192，商品数は 21,815，そして 2 部グラフの全行数 (辺の数) は 43,451 である (それぞれ，10, 11, 12 行目の結果)。

5.1.5　バイクラスタリングの実行

前項で作成したモニタ–商品の 2 部グラフ bigraph.csv から極大 2 部クリークを列挙する。ここでは，nysol_python の take ライブラリに含まれている mbiclique メソッドを用いる (コード 5.2)。

コード 5.2　極大 2 部クリークを列挙するコード

```
1   import nysol.take as nt
2   # ei=で入力の 2部グラフの CSV ファイル名を指定する
3   # ef=には 2部グラフを構成する 2つのグループを指定する
4   nt.mbiclique(ei='out/bigraph.csv', ef='モニタ, 商品', o='out/biclique.
    csv').run()
```

結果 (biclique.csv) は，表 5.2 に示されるとおりで，1 行が 1 つの極大 2 部クリークに対応している。モニタ項目には，モニタ ID がスペース区切りで複数出力されている。同様に「商品」項目には，商品名がスペース区切りで出力されている。項目 size1, size2 は，バイクラスタ (極大 2 部クリーク) を構成するモニタ集合と商品集合のサイズを表している。

例えば 1 行目のバイクラスタ (ラベルが 0 の行) は，モニタとして 1 つだけの節点 04g が選ばれ，商品として「0」や「00」など 590 の節点から構成される極大 2 部クリークである。mbiclique メソッドは，すべての極大 2 部クリー

表 5.2　バイクラスタリングの結果

	モニタ	商品	size1	size2
0	04g	0 00 010 016 018T 01R 01pX 01s 01v 01y8 02R 02...	1	590
1	04g 069	0 01R 01s 07E 0S 0Z 0e 1B 1Mi 1y6 2 2N 2j 2k 2...	2	43
2	04g 069	06I 0 1B 2N 2j 3o 5 P8 n8 3 8		
3	04g 069	06I 09a 0A2 0Ac 0C1 0CQ 0Ia 0RU 0S2 0S... 0	96	1
4	04g 069	06I 0Ac 0SV 0hX 17n 19d 2V9 2jS 2rF 3B... 1B	22	1
⋮	⋮	⋮		

クを列挙してしまうので，このようなたった 1 人だけのモニタから構成される
クリークも出力されてしまう。そこで，モニタの size が 10 以上で商品の size
が 3 以上のクリークのみ選択するコードを 5.3 に示す。mbiclique では l=パラ
メータでクラスタを構成する 2 つの集合の最小サイズを指定できる。結果は表
5.3 に示されるとおりである。

コード 5.3　モニタのサイズが 10 以上，商品のサイズが 3 以上のバイクラスタを選択

```
1  nt.mbiclique(ei='out/bigraph.csv', ef='モニタ, 商品', l='10, 3', o='
      out/biclique_10_3.csv').run()
2  biclique = pd.read_csv('out/biclique_10_3.csv')
3  biclique
```

表 5.3　モニタ集合のサイズが 10 以上，商品集合のサイズが 3 以上のバイクラスタ

	モニタ	商品	size1	size2
13	04g 069 06I 0S2 0XC 0hX 0oq 1xy 2rF 4zS	0 3o 5	10	3
91	04g 069 0Ac 0hX 2jS 2rF F4 PX if tf	0 1B 4	10	3
120	04g 069 0CQ 0ax 0hX G6 XT bj r6 tf	0 5J n	10	3
190	04g 069 0SV 0hX 1uU 4eX 4zS Gc XT if	0 3o n	10	3
191	04g 069 0SV 0hX 3zp A0 F4 PX if tf	0 1B n	10	3
⋮	⋮	⋮		

例題 5.1　スーパーで日本茶・麦茶ドリンク (細分類名) を購入したことのある顧客
について「レシート–細分類名」で 2 部グラフを作成し，レシートの size
が 50 以上で細分類の size が 3 以上のバイクラスタを列挙せよ。ただし，レシート
項目はないので，モニタと日付を結合してレシート列を作り代替すること。

解答

コード 5.4　「レシート–細分類名」の 2 部グラフからのバイクラスタの作成

```
1  df = pd.read_csv('in/datQpr.csv')
2  df = df[df['業態名'] == 'スーパー']
3  sel = df[df['細分類名'] == '日本茶・麦茶ドリンク']['モニタ'].
      drop_duplicates()
4  df = df[df['モニタ'].isin(sel)]
5  df = df[df['細分類名']!='日本茶・麦茶ドリンク']
6  df['レシート'] = df['モニタ'].str.cat(df['日付'].astype(str))
7  bigraph = df[['レシート', '細分類名']].drop_duplicates()
8  bigraph.to_csv('out/bigraph2.csv', index=False)
9
```

```
10   print(bigraph)
11   print('モニタ数:', len(sel))
12   print('商品数:', len(bigraph['細分類名'].drop_duplicates()))
13   print('2部グラフ全行数:', len(bigraph))
14
15   nt.mbiclique(ei='out/bigraph2.csv', ef='レシート, 細分類名', l='50,
         3', o='out/biclique2.csv').run()
16   biclique2 = pd.read_csv('out/biclique2.csv')
17   biclique2
```

	レシート%0	細分類名%1	size1	size2
0	04g20130604 04g20130614 04g20130625 04g2013062...	その他農産 ヨーグルト 食パン	266	3
1	04g20130604 09a20140113 0C120140216 0RU2013110...	その他農産 スポーツドリンク ヨーグルト	64	3
2	04g20130605 04g20130629 04g20130814 04g2014010...	その他農産 つゆ 生麺・ゆで麺	63	3
3	04g20130605 04g20140215 04g20140227 04g2014032...	その他農産 半生菓子 生麺・ゆで麺	62	3
4	04g20130606 04g20130617 04g20130627 04g2013082...	その他農産 納豆 食パン	283	3
...				

図 5.6 レシートと細分類名によるバイクラスタの結果

5.1.6 クラスタの評価解釈

　実際の分析では，前項のように簡単に完結するものではなく，様々な試行錯誤が必要となる。例えば，技術的な課題でいえば，単純な極大クリークの列挙では，あまりにも多くのクラスタが列挙されてしまう。その問題を解決するためにグラフ研磨という技術が有効である[4]。また，商品の粒度は，「商品」項目では細かすぎたり，「細分類名」項目では粗すぎたりするため，その中間的な粒度であるブランド項目を生成した。より詳細な内容は，石田らの研究[1]を参照されたい。

　最終的に 136 個のバイクラスタを得るに至った。これらの結果をそのまま何らかの施策に用いるということは通常あり得ない。例えば，各クラスタに合致する顧客に対して，そのクラスタに分類された商品を推薦するといった単純な方法も考えられるが，それぞれのクラスタの意味を解釈せずに施策を実施してしまうと，ときにおかしな商品を推薦することにもなり，結果として売り場の魅力が下がってしまうかもしれない。

そこで，これらのクラスタの内容についてスーパーマーケットの現場の責任者と検討を重ねた。解釈を進めるにあたっては，意味的な妥当性，新規性，そして施策の実現可能性を重視することが多い。ここでは，いくつかのシーンを想定することができたが，最初に注目したのが，とり過ぎると健康によくないと思われる商品 (以下，このような商品に「非健康」という言葉を用いるが，商品そのものが健康に悪いという意味ではない) を含むバイクラスタが多く得られたということである。例えばスナック菓子やカップ麺，アルコール飲料などである。これは，健康を意識してはいるものの非健康的な商品の購買はやめられないために，健康に効果のある特保茶を同時に購入することによって健康を維持しようという，いわば「免罪符的」な購買動機があると推測された。また年代も 30 代のモニタに特徴的で，北口店の客層にも合致している。

5.1.7 施策の実施と評価

以上，得られた「特保茶類の免罪符的購買」という知見に基づいて，非健康的と考えられる商品を購入する顧客をターゲットに，特保茶類などの健康志向飲料の購入促進を目的としたコーナーを設置することになった。多くの顧客に共通する客動線の最終地点付近（すなわちレジの近く）に，健康志向飲料をまとめて冷蔵庫棚に陳列するコーナーを設置した（図 5.7）。また POP は，「免罪符」という言葉は宗教用語のため使用を避け，「我慢できない食生活に！ この

図 5.7　免罪符商品売場の様子

1本！」として冷蔵庫の上に配置した。

この陳列コーナーの効果を確認するために，設置期間を 2019/1/1～1/31 の1か月間とし，期間を通じて同じ陳列方法と同一の POP を利用した。実験方法としては，免罪符コーナーを設置する日としない日をランダムに割り当てることで，その効果を測定すべきであるが，店舗オペレーションとして煩雑すぎるとの判断から固定設置とすることになった。

評価方法は，非健康志向食品の購入を条件に，健康志向飲料の条件つき購買確率を前年度の実績と比較することによって評価した。非健康志向食品として，スナック菓子，アルコール飲料，たばこ，カップ麺（インスタント麺），チョコレートの5つを想定した。結果は表 5.4 に示されるとおりである。

表 5.4 免罪符的な併買実験の結果。セル内の 3 つの数字は，上から非健康食品単体のレシート数 (a)，特保茶との併買レシート数 (b)，条件つき確率 ($b/a \times 10000$)。括弧内の数字は，当年 1 月の条件つき確率の対前年 1 月比を表している。

内容	当年 1 月	前年 1 月
スナック菓子	7365	6599
	30	9
	40.7 (**2.99**)	13.6
アルコール飲料	8879	8065
	32	18
	36.0 (**1.61**)	22.3
タバコ	1265	1468
	2	2
	15.8 (**1.16**)	13.6
インスタント麺	6210	5831
	30	11
	48.3 (**2.56**)	18.9
チョコレート	5291	4797
	24	8
	45.4 (**2.72**)	16.7

前年対比でみる限り，すべての商品について効果が認められた。特に，スナック菓子，インスタント麺，チョコレートとの併売に高い効果がみられた。

5.1.8 ま　と　め

本節では，商品分析の事例としてバイクラスタリングを用いたルール発見と，

得られた知見に基づいた商品陳列実験について紹介してきた。ここで強調しておきたいのは以下の2点である。1点目は，データサイエンティストが関わるべきタスクの広さについてである。データサイエンティストは，数学とプログラムに長けた分析者とのイメージが強いかもしれない。もちろん，その能力は必要ではあるが，それだけでは十分ではなく，実際の経営現場での売上の結果にまでコミットすべきである。いくらスマートな分析手法を用いて説得力のある結果を導いたとしても，実際の売上に結びつかなければ何の意味もない。また，売上に結びつかなくても，きっちりとした評価を行っていれば，なぜ結果に結びつかなかったかの原因を追求することもでき，次のデータ解析に活かすこともできる。

2点目は，分析結果の意味解釈の重要性についてである。スーパーマーケットの目的の1つは，顧客に楽しい買い物シーンを演出することである。データ解析によって得られた結果の断片を鵜呑みにした施策を打っても，その演出目的を達成することは難しいであろう。解析結果は，過去に消費者が起こした行動における1つの結果でしかない。なぜそのような結果が得られたか，その背景にある意味を解釈し，買い物のシーンを演出していくのは人間のアートの領域である。データ解析は，そのアートを支援するためにあるともいえよう。

後日談であるが，本節で紹介したデータ解析結果を光洋の社長は次のように評価した。

> 私のほうが売上を上げる自信がある。コンピュータが出してきたルールが正しいかどうかを店頭実験で確認するだけなら，将来的には機械がすべてやってくれるであろう。そうではなくて，コンピュータが出してきた結果をどう解釈してどのような売り場を作り上げていくかは人間が創造していくべきことである。

5.2　相関ルール分析による売場づくり

消費者の購買行動を理解し，買い物がしやすい売場づくりをすることは，流通小売業の営業活動における重要課題の1つである。その手段として，購買履

歴データを用いた相関ルール分析があり，広く取り組まれている。しかしながら，相関ルール分析は「計算に時間がかかる」「膨大なルールが列挙される」などの問題があり，分析に骨が折れることも少なくない。そこで本書では，高速な計算アルゴリズムを使用して，商品どうしの相互類似関係を考慮してルール選択をする相関ルール分析の方法を説明する。

5.2.1　相関ルール分析とは

　相関ルールはデータマイニングの主要な手法の 1 つであり，「パン (X)」を買ったら→「バター (Y)」を買う，というように，ある事象が起きると別の事象が起きるというような事象間の共起性を分析するものである。

　表 5.5 は相関ルール分析などで使用される主な共起性の評価指標の一覧である。X を「条件部」，Y を「結論部」とし，「パン (X)」→「バター (Y)」のルールの良し悪しは，その共起性を評価する指標から複合的に評価され，そして分析目的に応じたルールが選択される。各評価指標についてバスケット分析を例に説明する。

表 5.5　相関ルールの主な共起性評価指標

評価指標	定義式	内容
support (支持度)	$\text{support}(X \Rightarrow Y) = \frac{\|X \cap Y\|}{\|D\|}$	全体のなかで X と Y が同時に出現する割合
confidence (確信度)	$\text{confidence}(X \Rightarrow Y) = \frac{\|X \cap Y\|}{\|X\|}$	X が出現するときに Y が出現する割合
jaccard (jaccard 係数)	$\text{jaccard}(X \Rightarrow Y) = \frac{\|X \cap Y\|}{\|X \cup Y\|}$	X または Y が出現するなかで X と Y が同時に出現する割合
lift (リフト値)	$\text{lift}(X \Rightarrow Y) = \frac{\text{confidence}(X \Rightarrow Y)}{\text{support}(Y)}$	X が出現するときに Y が出現する割合は，全体のなかで Y が出現する割合よりも何倍高いかの比
nPMI (自己相互情報量)	$\text{nPMI}(X, Y) = \frac{\ln \frac{\text{support}(X \Rightarrow Y)}{\text{support}(X)\text{support}(Y)}}{-\ln(\text{support}(X \Rightarrow Y))}$	X と Y が同時に出現する割合が偶然よりも大きいか否かを表す情報量

$|D|$ は全体数（全バスケット），$|X|$ は商品 X の出現数（出現バスケット数）を表す。

　　support（支持度）　support は全体のなかで X と Y が同時に出現する割合であり，バスケット（レジ精算回数）全体のなかでパン (X) とバター

(Y) が同時購買される割合である。同時購買数とともに，同時購買の多さを表す重要指標である。出現度（購買回数）が高いアイテムほど高い値をとりやすく，「バナナ→もやし」などの多くの人が頻繁に買うアイテムにおいて，互いに関係性を見出しにくいルールも高い値をとりやすい。

confidence（確信度） confidence は X が出現するときに Y が出現する割合をみる条件つき確率である。パン (X) が買われたバスケットにおいて，バター (Y) が同時に買われたバスケットがどれだけあるかの割合を示している。X と Y の出現数が異なれば，X → Y と Y → X では confidence の値が異なり，出現度の低いものから出現度の高いものへのルールが大きい値をとりやすい。バター (Y) を買ったら→パン (X) を買う割合は高くても，パン (X) を買ったら→バター (Y) を買う割合は高くないということがあるため，ルールを双方向で確認することが必要な指標である。

jaccard（jaccard 係数） jaccard は X または Y が出現するなかで X と Y が同時に出現する割合であり，パン (X) またはバター (Y) が買われたバスケットにおいて，パン (X) とバター (Y) を同時購買したバスケットがどれだけあるかの割合を示している。同時購買の多さとアイテム間の関係性のバランスが比較的よく，バスケット分析と相性のよい指標である。jaccard は出現度の高いアイテムどうしと小さいアイテムどうしのルールが高い値をとる傾向がある。

lift（リフト値） lift は，X が出現するときに Y が出現する割合は，全体のなかで Y が出現する割合と比べて何倍高いかの比を示すものである。パン (X) を買ったらバター (Y) を買う割合は，全体のなかでバター (Y) が通常的に買われる割合と比べて何倍高いかを意味する。値は 1（倍）が基準点となり，通常の買われ方と比べて，パンを買ったらバターを買う割合は何倍高いか低いかを評価する。アイテム間の関係性が見出せるルールを発見しやすい便利な指標であるため，業界の現場におけるバスケット分析において，lift はもっとも使用されている指標であろう。しかし，出現度の低いアイテム（販売数が少ない商品）ほど高い値をとる傾向があり，出現規模が異なる場合には，値の大小でルールの良し悪しを評価することが困難である。

nPMI（自己相互情報量）　nPMI (normalized pointwise mutual informa-
tion) は，自然言語処理などの分野でよく使用される評価指標である。X
と Y が同時に出現する割合が偶然よりも大きいか否かを表す情報量であ
り，上述の lift と類似した指標である。値は lift のほうが理解しやすいが，
lift は値域が広いため，機械処理などでは nPMI を用いることで処理がし
やすくなる。

　以上のように，各評価指標にはそれぞれの視点と特徴があり，それぞれに長
所と短所がある。これ 1 つだけみればよいという画期的な指標というものは存
在せず，ルールの良し悪しを判断するには複数の指標を用いて複合的に考察す
ることが求められる。しかしながら，相関ルールの結果は膨大な量のルールが
出ることが多く，その結果を複数の指標を用いて複合的に考察することは困難
を伴う。ルールを上から 100 行も読めば疲労して論理的にルールの理解ができ
なくなってしまうのではないだろうか。そこで本書では，商品どうしの相互類
似関係を考慮してルールを選択する相関ルール分析の方法を紹介したい。

　本書では，最初に高速な計算アルゴリズムを用いて相関ルールを列挙し，相
関ルール一覧表を作成する。次にその一覧表に対して，評価指標の大小に基づ
き順位付けしたランク情報を付与してルール選択を行う方法を説明する。次に，
その結果をより理解しやすくするために視覚化ツールを用いて描画する。使用
データは QPR である。

5.2.2　相関ルール一覧表の作成

　まず最初に，バスケットデータから相関ルールを列挙する。相関ルールの列
挙には，nysol_python[5) の take ライブラリにある mtra2gc という処理メソッ
ドを使用する。これは 2 アイテムの共起情報を計算するものであり，ルール長
が 2 の相関ルールを列挙することができる。相関ルールの列挙アルゴリズムは
Apriori などが有名であるが，従来手法は計算に時間がかかることが少なくな
い。しかしながら，mtra2gc メソッドは世界トップレベルの高速なアルゴリズ
ムである SSPC を内部処理に使用しており，高速な計算が可能である。本書で
はこの処理メソッドの使用を推奨する。

　なお，相関ルール列挙に用いるバスケットデータはデータサイズが大きいた

	node1	node2	frequency	frequency1	frequency2	total	support	confidence	lift	jaccard	PMI
0	110101	110103	4410	82104	84226	5395371	0.000817	0.053712	3.440721	0.027236	0.173809
1	110101	110105	523	82104	10903	5395371	0.000097	0.006370	3.152192	0.005655	0.124233
2	110101	110107	5646	82104	105900	5395371	0.001046	0.068766	3.503498	0.030961	0.182702
3	110101	110109	1849	82104	28870	5395371	0.000343	0.022520	4.208692	0.016944	0.180125
4	110101	110111	3215	82104	49551	5395371	0.000596	0.039158	4.263689	0.025031	0.195292
...	...	...	...	...	...	...	...	...	...	...	...
109945	290101	130205	14	121	909466	5395371	0.000003	0.115702	0.686400	0.000015	-0.029256
109946	290101	140401	12	121	962175	5395371	0.000002	0.099174	0.556113	0.000012	-0.045081
109947	290101	190301	16	121	2163	5395371	0.000003	0.132231	329.837026	0.007055	0.455562
109948	290301	130123	11	51	436130	5395371	0.000002	0.215686	2.668258	0.000025	0.074900
109949	290301	140401	10	51	962175	5395371	0.000002	0.196078	1.099505	0.000010	0.007187

109950 rows × 11 columns

図 5.8　配布用相関ルール一覧表 (mtra2gc.csv)

	大分類	大分類名	中分類	中分類名	小分類	小分類名	細分類	細分類名
0	1	食品	11	加工食品	1101	調味料	110101	醤油
1	1	食品	11	加工食品	1101	調味料	110103	砂糖
2	1	食品	11	加工食品	1101	調味料	110105	低カロリー甘味料
3	1	食品	11	加工食品	1101	調味料	110107	味噌
4	1	食品	11	加工食品	1101	調味料	110109	食塩
...	...	...	...	...	...	...	...	...
510	2	日用品	26	ペット用品	2627	爬虫類・両生類	262701	爬虫類・両生類フード
511	2	日用品	26	ペット用品	2627	爬虫類・両生類	262703	爬虫類・両生類用品・用具
512	2	日用品	29	その他日用品	2901	日用贈答品	290101	日用贈答品
513	2	日用品	29	その他日用品	2903	フィルム	290301	写真用フィルム
514	2	日用品	29	その他日用品	2904	オーディオ・ビデオテープ	290405	ビデオテープ

515 rows × 8 columns

図 5.9　配布用商品分類情報 (category.csv)

め，本書では mtra2gc で処理した後の相関ルール列挙データ mtra2gc.csv（図5.8）と商品分類情報の category.csv（図 5.9）を用意している。出力結果を整形していくところから使用していただきたい。

　相関ルール列挙に使用したバスケットデータと mtra2gc で実行したコードを以下に示す。バスケットデータは，購買履歴データを図 5.10 のように，購買バスケット (BasketID) と商品（細分類）ごとに集計した basket_data.csv を使用している。mtra2gc の実行方法をコード 5.5 に示す。nysol_python のインストールならびに処理メソッドのパラメータの詳細に関しては，nysol_python

BasketID	細分類	細分類名	数量
1	140301	コーラ	1.0
2	111301	食パン	1.0
2	140401	牛乳	1.0
3	140305	炭酸フレーバー	1.0
3	130203	デザート類	1.0
...	...	...	...
5395371	213311	虫よけ剤・虫よけ器	1.0
5395371	130303	水産珍味	1.0
5395371	111905	和惣菜	1.0
5395371	112105	わかめ	1.0
5395371	130205	ヨーグルト	1.0

図 5.10　バスケット単位に集計した入力データ (`basket_data.csv`)

の公式ウェブサイト[5]を参照されたい。

コード 5.5　take ライブラリの読み込みと mtra2gc

```
1   import nysol.take as nt
2   nt.mtra2gc(S=10, sim='C', tid='BasketID', item='細分類', i='
        basket_data.csv', no='item_info.csv', eo='mtra2gc.csv', rp=True
        ).run()
```

ここでは，`nysol_python` の `take` ライブラリをインポートし，BasketID を
キーに，細分類を対象とした相関ルールを列挙している。最小共起数は S=10，
類似度の設定は双方向ルール（X → Y と Y → X）が出力できる confidence を
利用するため sim='C' とし，入力ファイル名を i で指定し，結果の出力ファイ
ル名は no と eo の 2 つを指定している。no はノード情報を出力するオプショ
ンで eo はエッジ情報を出力するオプションである。また，本メソッドの入力
データは CSV ファイルのみ対応している。

　これを実行すると，no で指定したファイルにアイテムの出現頻度などに関す
る情報が出力され，eo で指定したファイルに相関ルールの情報が出力される。
相関ルールの結果として，`mtra2gc.csv` と商品分類情報の `category.csv` を利
用し，相関ルールを意味解釈しやすいようにするために整形する（コード 5.6）。

コード5.6　相関ルール一覧表の整形

```
1   import pandas as pd
2
3   # データインポート
4   df = pd.read_csv('in/mtra2gc.csv')
5   category = pd.read_csv('in/category.csv')
6
7   # 細分類名称を追加して読みやすいように整形する
8   cat = category[['細分類', '細分類名']]
9   ds = pd.merge(df, cat, left_on='node1', right_on='細分類')
10  ds = pd.merge(ds, cat, left_on='node2', right_on='細分類')
11
12  # 頻度の降順で並べ替え
13  ds = ds.sort_values(by='frequency', ascending=False)
14  ds = ds.reset_index(drop=True) # 並べ替えたのでindex を振り直す
15
16  # 列の抜き出しと列名変更
17  ds = ds[['node1', '細分類名_x', 'node2', '細分類名_y', 'lift', 'jaccard
        ']]
18  ds = ds.rename(columns={'node1':'X_num', '細分類名_x':'X_name', 'node2
        ':'Y_num', '細分類名_y':'Y_name', 'jaccard':'jc'})
19  ds.head()
```

　ここでは，pandas を使用して整形を行っている。細分類コードに対応する細分類名を付加したうえで，共起頻度が多いものから順に並べ替えをしている。そして，最後にこれからの分析で必要となる列を抜き出し列名を適切に変更した。

　ここで，最初から細分類コードではなく細分類名で相関ルールを列挙しておけば，商品分類情報とマージさせる手間を省くことができる。しかし，それには注意が必要である。なぜならば商品分類の名称はユニークでないことが多いからである。例えば，「ミルク」という細分類名称があったとする。この「ミルク」という細分類名称は，日配商品のコーヒー用クリーム，加工食品の「練乳」，また化粧品の「乳液」などに重複して使用されていることがある。このような異質な商品群を同一の商品として計算しないように，事前に商品分類をよく確認し，名称ではなくコードを使用するなどの対策を講じることが重要である。

5.2.3　相互類似関係を用いたルール選択

　図5.11 は前項で作成した相関ルール一覧表の一部を掲載している。全体で約

	X_num	X_name	Y_num	Y_name	lift	jc
0	111301	食パン	140401	牛乳	1.471567	0.150508
1	140401	牛乳	111301	食パン	1.471567	0.150508
2	130205	ヨーグルト	140401	牛乳	1.545513	0.154638
3	140401	牛乳	130205	ヨーグルト	1.545513	0.154638
4	111801	豆腐	140401	牛乳	1.524232	0.143820

図 5.11　整形した相関ルール一覧表（df7 の結果）

11 万行にも及ぶ膨大なルールが列挙された。一般的には，ここから評価指標に
閾値を設けてフィルタリングを行い，興味深いルールを探っていく方法がとら
れるが，それは非常に労力がかかる作業となる。そのため，商品どうしの相互
類似関係を用いたルール選択を推奨する。それは，商品ごとに各評価指標の値
を順位付けし，その値がお互いにとって高いかどうかでルールの選択を行う方
法である[6]。

　図 5.12 は牛乳とバナナともやしの関係図である。商品間の相関ルールの評価
指標 (jaccard) とその値の大きさがお互いにとって上位何位であるかを示して
いる。例えば，相関ルールを jaccard が 10%以上で選択すれば，「牛乳とバナ
ナ」，「バナナともやし」のルールが残るであろう。「牛乳とバナナ」は朝食メ
ニューなどの関係が理解できるが，「バナナともやし」の関係は理解しにくい。
つまり，これら 2 つの商品は多くの人の購入頻度が高い商品という理由で，同
じ買い物カゴに入りやすいと考えるのが妥当であろう。

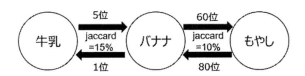

図 5.12　牛乳とバナナともやしの関係図

　評価指標の値の大小は相対的なものである。牛乳とバナナの jaccard はお互
いに 15%であるが，その値の大きさを順位付けすると，牛乳にとってバナナと
の 15%は 5 位の大きさであり，バナナからみて牛乳との 15%はもっとも高い 1

位の大きさとなっている。このようにしてバナナともやしの関係をみてみると，バナナからみてもやしは 60 位，もやしからみてバナナは 80 位とお互いの順位は高くないことがわかる。このように，評価指標の値を順位付けし，お互いにとって親しい（順位の高い）相手を選ぶようにルール選択を行うと，「バナナともやし」のような関係性が乏しいルールを除外し，関係性の強いルールを選択しやすくなる。

コード 5.7 は，相関ルール一覧表にランク情報を付与している。ここでは，関数 calRank を作成し，データフレームに指定した指標に対して，X と Y 相互の降順ランキングを求めて相関ルール一覧表に列として追加している。その際の指標は jaccard と lift の 2 種類を用いている。また，結果を再利用する場合などに中間ファイルとして保存しておくと便利である（これは章末問題で使用する）。

コード 5.8 は，このランク情報を用いてルールを選択する処理を示している。得られたルールを図 5.13 に示す。

コード 5.7　ランク情報の付与

```
1   def calRank(df,val):
2
3       df['rankX-Y_%s'%val] = df.groupby('X_num')['%s'%val].rank(
            ascending=False, method='first')
4       df['rankY-X_%s'%val] = df.groupby('Y_num')['%s'%val].rank(
            ascending=False, method='first')
5       return df
6
7   df = calRank(ds, 'jc') # jc は jaccard
8   Rules = calRank(df, 'lift')
9
10  # 中間ファイルとして必要に応じて保存
11  Rules.to_csv('AssociationRules.csv', index=False)
```

コード 5.8　ランク情報によるルール選択

```
1   m_rules = Rules[(Rules['rankX-Y_jc']<=30)
2                   & (Rules['rankY-X_jc']<=30)
3                   & (Rules['rankX-Y_lift']<=30)
4                   & (Rules['rankY-X_lift']<=30)]
5   display(m_rules)
```

ここでは，jaccard と lift が相互に 30 位以内のルールを選択している。得ら

	X_num	X_name	Y_num	Y_name	lift	jc	rankX-Y_jc	rankY-X_jc	rankX-Y_lift	rankY-X_lift
2	130205	ヨーグルト	140401	牛乳	1.545513	0.154638	1.0	1.0	19.0	14.0
3	140401	牛乳	130205	ヨーグルト	1.545513	0.154638	1.0	1.0	14.0	19.0
8	111303	菓子パン	111301	食パン	1.418506	0.134022	1.0	3.0	10.0	17.0
9	111301	食パン	111303	菓子パン	1.418506	0.134022	3.0	1.0	17.0	10.0
10	111801	豆腐	111807	納豆	2.060649	0.161856	1.0	1.0	5.0	4.0
...	...	...	...	...	...	...	...	...	...	...
109672	240701	鍋・釜類	240403	ふきん・鍋つかみ類	21.860954	0.003193	7.0	16.0	6.0	10.0
109750	221701	口腔咽喉薬	222602	漢方薬2（か行）	191.162521	0.008818	3.0	4.0	3.0	1.0
109802	240705	フライパン類	240807	ハンガー	31.430127	0.002564	23.0	9.0	4.0	9.0
109852	212607	脱脂綿	212611	固定テープ・巻絆創膏	146.525745	0.007294	2.0	6.0	2.0	3.0
109888	232203	コンシーラ	232217	チークカラー	189.533383	0.008299	9.0	12.0	7.0	8.0

2688 rows × 10 columns

図 5.13 相互類似関係を用いて選択した相関ルール一覧表

れた相関ルール数は 2,688 ルールであり，もとの約 11 万ルールから比べると
格段に扱いやすくなっている。また，図 5.13 のルールも意味解釈しやすい関係
性が選択できている。ルール選択の指標や順位のとり方は分析目的やデータの
性質によって異なるため，いくつか条件を変えて実行し考察することが重要で
ある。

5.2.4　相関ルールの視覚化と売場の考察

　相関ルールを可視化することで複数のアイテム間の関係性をとらえることが
でき，意味解釈や仮説の導出が行いやすくなる。視覚化を行うツールは様々ある
が，ここでは比較的簡単に使えて自由度の高い Gephi[7] というネットワーク解
析および可視化用のオープンソースソフトウェアを利用する。ほかにも Python
のライブラリである networkx を利用したグラフ描画は，6.1.3 項で紹介されて
いる。

　相互類似関係を用いてルール選択した結果を Gephi に取り込むために CSV
データに変換するコードを示す（コード 5.9）。Gephi のインストールならび
に使用方法に関しては Gephi 公式ウェブサイト[7] を参照いただきたい。Gephi
では様々な形式のデータを扱えるが，ここでは比較的簡単な節点 (node) と辺
(edge) の CSV ファイルを作成する。

コード 5.9　Gephi 用 CSV ファイルの作成

```
1   # node ファイル作成
2   node = m_rules.iloc[:, 0:2]
3   node.columns = ['Id', 'Label']
4   node_data = node.groupby(['Id', 'Label']).count()
5   node_data.to_csv('out/node_data.csv')
6   # edge ファイル作成
7   edge_data = m_rules.iloc[:, [0,2]]
8   edge_data.columns = ['Source', 'Target']
9   edge_data.to_csv('out/edge_data.csv', index=False)
```

これらの node_data.csv と edge_data.csv を Gephi にインポートし，Force Atlas を使用して作成したネットワークグラフの一部分が下記の図である。図 5.14 はスナック菓子，図 5.15 はコーヒーなどの嗜好品，そして図 5.16 は軽失禁用品などの相関ルールである。

図 5.14 のスナック菓子に注目すると，ポテトチップスなどのスナック菓子は

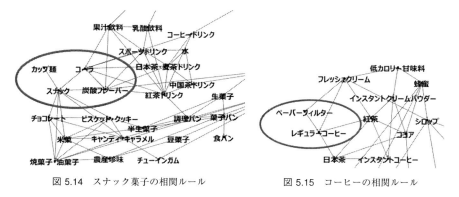

図 5.14　スナック菓子の相関ルール　　　　図 5.15　コーヒーの相関ルール

図 5.16　軽失禁用品の相関ルール

カップ麺やコーラなどの炭酸飲料と接続がある。これらは，菓子部門と加工食品部門の商品で，別々の売場で販売されている商品である。しかしながら，購買者はこれらの商品をおやつのような関係で一緒に購入する傾向があることがわかる。部門間の売場をつなぐ際，これらの商品カテゴリで隣接させたり，またおやつ企画ではこれらの商品群を組み合わせた販売促進施策を実施することなどが検討できる。

　図 5.15 のレギュラーコーヒーは，ペーパーフィルターと接続している。コーヒーは加工食品，フィルターは日用雑貨品の売場で販売されているが，コーヒー売場にもフィルターを配置すると利便性の高い売場となる。実際にコーヒーとフィルターを配置した売場も多くみられる。

　また，図 5.16 は軽失禁用品と使い捨てカイロが接続しており，お互いに同時購入されやすい関係にあることがわかる。失禁対策に下腹部をカイロで温めるなどの対策を行っている購買者がいることが考えられる。このことから，失禁用品と季節性商品であるカイロは別々の売場に配置されている場合が多いが，このような顧客のニーズを考えると，軽失禁用品売場に使い捨てカイロなどの体を温める商品を提案して棚配置をすると，より購買者のニーズに応える売場にすることができるであろう。

　以上のように，相関ルール分析から購買行動を理解することで，より利便性の高い売場を考察していくことが可能である。

5.3　ヨーグルトを対象にした価格設定に関する分析

　ここでは，1.1.2 項で紹介されたマーケティングミックス（4P）のなかで，価格についてのテーマを扱う。

　価格に関する研究は，新製品・新サービスに対する価格設定（プライシング）と既存の製品・サービスに対する価格変更を扱った研究に大別できる。本節では，既存製品として販売されているプレーンヨーグルトを対象に，価格変更に関する分析を価格弾力性と交差弾力性の観点から行う。

　価格は商品のイメージを決定する要因としても重要な役割を担っており，高級商品の安易な値下げは，ブランドイメージを傷つけることになる。一方で，

スーパーマーケットなどの小売店では，EDLP（エブリデーロープライス）による長期間の低価格販売を実施している店舗や，短期間で価格を上下させる HILO（ハイロープライス）を実施する場合もある。

つまり，価格戦略は企業がどのような財やサービスを提供しているのか，企業が構築したいブランドイメージはどのようなものかによっても異なり，企業の目的によって高価格戦略と低価格戦略のどちらを採用すべきかが決まってくる。

5.3.1 価格弾力性

価格変更によって利益を得るためには，単純に価格を上げればよいというわけではない。価格を上げることで一般的には販売量は減少するため，値上げによって得られる追加の利益と減少した販売量の関係を考える必要がある。

値引きの場合も同様である。値引きを実施して利益を上げるためには，値引きによって減少した利益と，そのぶん増加するであろう販売量との関係を考える必要がある。これらを扱う方法に価格弾力性がある。価格弾力性は，式 (5.1) で定義される。

$$\eta = \frac{\Delta x/x}{\Delta y/y} = \frac{販売量の変化率}{価格の変化率} \tag{5.1}$$

ここで，x を販売量，y を価格とする。また Δ は差分を表す。価格弾力性は，価格を変化させたときに販売量がどの程度変化するのかを比で表した値であり，絶対値で 1 を超える場合に弾力的であり，絶対値で 1 を下回ると非弾力的であると呼ばれる。

例えば，価格を 10%下げたときに，販売数量が 20%増えたとすると，価格弾力性は -2 となり，この場合は絶対値で 2 になるため弾力的と判断できる。つまり，価格の変化に対して販売数量の変化がある程度大きいことを示している。

変化率に関する計算方法はいくつかあるが，ここでは販売量の変化率 $\Delta x/x$，価格の変化率 $\Delta y/y$ を，式 (5.2) に示す中間点の方法を利用して計算する。

$$\begin{aligned}
\Delta x/x &= \frac{x_2 - x_1}{(x_2 + x_1)/2} \times 100 \\
\Delta y/y &= \frac{y_2 - y_1}{(y_2 + y_1)/2} \times 100
\end{aligned} \tag{5.2}$$

変化率を求める際に，分子の差を計算する順序を $x_2 - x_1$ から $x_1 - x_2$ に変

えると符号が反転するため注意が必要である。価格弾力性を計算する場合は，価格変更後の金額から変更前の金額の差を計算することで，値引きの場合は変化率がマイナスになり，値上げの場合は変化率がプラスになることから理解がしやすい。販売量の変化率も同様に，変更後の販売数量から変更前の販売数量を引くことで，販売数量が減少した場合にはマイナス，増加した場合にはプラスになる。

　また，このような変化率の計算から得られる価格弾力性の符号は，表 5.6 のように表される。表から価格弾力性が正になるのは，価格を値下げし販売量が減少した場合と，価格を値上げし販売量が増加した場合がある。一方で，価格弾力性が負になるのは，価格を値下げし販売量が増加した場合と，価格を値上げし販売量が減少した場合がある。つまり，価格変更と販売量の関係からすると，価格弾力性は負の値になることが多いであろう。

表 5.6　価格弾力性の符号

	減少	増加
値下げ	正	負
値上げ	負	正

例題 5.2　定価が 150 円で 1 日平均の販売個数が 5 個のヨーグルトを 120 円で販売したところ，販売個数が 7 個になった。このときの価格弾力性を式 (5.1) と式 (5.2) をもとに計算してみよ。

解答　値下げ時の販売個数を x_2，定価の販売個数を x_1 とすると，$(7-5)/((7+5)/2) \times 100 = 33.33$ で販売量の変化率が計算できる。値下げ価格を y_2，定価を y_1 とすると，$(120-150)/((120+150)/2) \times 100 = -22.22$ で価格変化率が計算できる。価格弾力性は $33.33/-22.22 = -1.5$ となる。絶対値で 1 を超えているため弾力的であり，これは値下げにより販売数量にある程度の変化があったことを示している。

　価格弾力性は，定価が異なると値引き額と販売量の変化が同じであってもその値は異なるため，注意が必要である。次の例でそのことを確認してみよう。

例題 5.3　定価が 200 円で 1 日平均の販売個数が 5 個のヨーグルトを 170 円で販売したところ，販売個数が 7 個になった。このときの価格弾力性を例題 5.2

と同様に計算してみよ。

解答　　この例で示した値引き額と販売量の変化は，例題 5.2 とまったく同じで，異なるのは定価だけである。それでは価格弾力性を計算してみよう。

　　販売量の変化率は先程の例と同様で $(7-5)/((7+5)/2) \times 100 = 33.33$ になる。価格変化率は，$(170-200)/((170+200)/2) \times 100 = -16.22$ である。価格弾力性は $33.33/-16.22 = -2.05$ となる。

　　値引き額は先程の例と同様に 30 円，販売変化量も同様に 2 個であるが，もとの価格（定価）によって価格弾力性が異なる。これは，同じ値引き額であっても，定価によって値引率が異なることと同様である。

5.3.2　交差弾力性

　　次に，ある商品の価格変更がほかの商品に与える影響を調べるために，交差弾力性を示す。価格弾力性は対象商品の価格変化率と販売量の変化率の比で表されるが，交差弾力性は対象商品の価格変化がほかのある 1 商品の販売量の変化に与える影響を示した値である。交差弾力性を式 (5.3) に示す。

$$\eta = \frac{\Delta x_b/x_b}{\Delta y_a/y_a} = \frac{b\text{ の販売量変化率}}{a\text{ の価格変化率}} \tag{5.3}$$

ここで対象商品を a，ほかの商品を b で表し，y_a が a の価格，x_b が b の販売量である。

　　また，b の販売量変化率 $\Delta x_b/x_b$，a の価格変化率を $\Delta y_a/y_a$ を式 (5.4) に示す。

$$\Delta x_b/x_b = \frac{x_{b2}-x_{b1}}{(x_{b2}+x_{b1})/2} \times 100$$
$$\Delta y_a/y_a = \frac{y_{a2}-y_{a1}}{(y_{a2}+y_{a1})/2} \times 100 \tag{5.4}$$

　　次に交差弾力性の意味を考えてみよう。表 5.7 は，a と b の価格変化と販売量の変化から交差弾力性の符号を示している。

表 5.7　交差弾力性の符号

	b の減少	b の増加
a の値下げ	正	負
a の値上げ	負	正

　交差弾力性が正の場合は，*a* の値下げによる *b* の販売量の減少，*a* の値上げによる *b* の販売量の増加である。対象商品の値下げ（値上げ）でほかの商品の販売量が減る（増える）ことを考えると，*a* と *b* は代替商品と考えることができる。一方で交差弾力性が負の場合は，*a* の値上げによる *b* の販売量の減少，*a* の値下げによる *b* の販売量の増加から，これらは補完商品と考えることができる。例えば，カミソリと替刃の関係がわかりやすい。カミソリを値下げ（値上げ）すると，本体が売れる（売れない）ため，替刃の販売量も増加（減少）する。したがって，この場合には交差弾力性は負の値になる。

5.3.3　価格設定に与えるコストの影響

　多くの企業では，伝統的にコストを決定し，それに業界の伝統的なマージンを加えるというコストプラスプライシングを価格設定に用いている。しかし，この価格設定手法には一定の合理性はあるが問題もある。本来コストは販売量によって変動し，販売量は価格変化の影響を受けるため，ほとんどの産業では価格を決定する前に製品のユニットコストを明確に決定することができない。したがって，コストプラスプライシングは，自社が弱い市場では高めの価格設定を（販売量が少ないためユニットコストが高くなるから），逆の場合には低めの価格設定を（販売量が多くなるので）してしまいがちである。

　これらのことから，価格決定を行うためにはコストの観点を無視することはできない。しかしながら，製造に携わる企業を除きコストの情報を詳細に把握することは難しく，今回利用するような POS データには，コストに関する情報が掲載されていない。それゆえここではコストについては扱わず，POS データの販売価格と購入数量を利用し，価格弾力性と交差弾力性からヨーグルトの価格変更に関する分析を Python スクリプトを利用して行う。

5.3.4　価格弾力性の計算準備

　価格弾力性の計算をするためには，普段販売されている通常売価をもとに，そこからの価格変化を把握する必要がある。通常売価としては，希望小売価格を調べて設定する方法もあるが，ここでは POS データを利用し，販売価格のなかで最頻値を通常売価として定義する。つまり，普段からもっともよく販売

されている価格を通常売価として利用することになる。

　この節では，コード 5.10 に示すライブラリを利用する。また対象データは yogurt.csv を利用する。図 5.17 は入力データで，図 5.18 が出力の通常売価である。yogurt.csv はある 1 店舗のスーパーマーケットで販売されている 400 g のプレーンヨーグルト 13 種類が対象になっている。期間は 1 年間で，実際の商品名は特定できないように事前に Y1〜Y13 までの名前に変換した。

コード 5.10　ライブラリの import とデータ読み込み

```
1    import pandas as pd
2    import seaborn as sns
3    df = pd.read_csv('in/yogurt.csv') # データフレームへの読み込み
```

	小分類コード	小分類名	商品名	売上数量	売上額	売上日	曜日	レジ番号	レシート番号	売上時間	単価
0	180201	プレーンホームヨーグルト	Y1	1	247	20180129	月	103	57582	134700	247.0
1	180201	プレーンホームヨーグルト	Y1	1	222	20180410	火	101	49854	111800	222.0
2	180201	プレーンホームヨーグルト	Y1	1	123	20180608	金	101	78436	190600	123.0
3	180201	プレーンホームヨーグルト	Y1	1	247	20181123	金	102	5236	102800	247.0
4	180201	プレーンホームヨーグルト	Y1	1	247	20180217	土	101	28748	164100	247.0

図 5.17　プレーンヨーグルト 400 g の販売データ

商品名	通常価格	頻度
Y4	247.0	281
Y10	197.0	236
Y6	157.0	213
Y1	247.0	206
Y5	157.0	202

図 5.18　求めた通常売価

　次にコード 5.11 は，通常売価を計算するために各商品ごとに出現頻度の一番多い価格を選択する処理を記述している。処理の手順としては，商品とその金額ごとに出現頻度を計算して，出現頻度の一番多い価格を商品ごとに選択し，各ヨーグルトの通常売価を決定する。

　コード5.11の3行目で，~ds.duplicated() で「売上日，商品名，単価」が
重複する行を削除して複数行を単一にしている。そして，groupby以降の処理
で商品名と単価ごとに売上日をカウントしている。次に5行目では商品名ごと
に売上日の出現頻度が最大の日を選択し，7行目で通常価格と頻度という名前
に変更している。

コード 5.11　通常売価の計算
```
1   # 単価の頻度が一番多い価格を通常価格とする
2   ds = df[['売上日', '商品名', '単価']]
3   ds = ds[~ds.duplicated()]
4   ds = ds.groupby(['商品名', '単価']).size()
5   regPrice = ds.sort_values(ascending=False).groupby('商品名').head(1)
6   regPrice = regPrice.reset_index('単価')
7   regPrice.columns = ['通常価格', '頻度']
8   regPrice
```

　次に，ある1日のヨーグルトの価格を考えてみよう。スーパーマーケットで
は，定期的な特売を実施している。あるヨーグルトが特売対象であれば，対象
ヨーグルトはすべて値引きされることになるし，特売対象ではない場合は通常
売価で販売される。ただし，通常売価で販売されていても賞味期限が短くなっ
た商品だけ，割引シールが貼られる場合もある。

　ここでは価格変更による販売量の変化を確認したいため，値引きシールのよ
うに特定商品だけの値引きは考慮しないことにする。そこで日ごとに各ヨーグ
ルトの販売価格のなかからもっとも販売数量の多い価格を計算し，それをその
日の販売価格として定義する。

コード 5.12　日別の販売価格を求める
```
1   # 日別の販売価格（同一日に複数の価格設定があれば数量合計が最大の価格を利用す
    る）
2   qtty = df.groupby(['売上日', '商品名', '単価'])[['売上数量']].sum()
3   dailyPrice = qtty.loc[qtty.groupby(['売上日', '商品名'])['売上数量'].
    idxmax()]
4   dailyPrice
```

　その処理をコード5.12に示す。2行目では，売上日，商品名，単価ごとに売
上数量を合計している。3行目は日と商品ごとに売上数量が最大のレコードを
選択している。出力結果を図5.19に示す。

売上日	商品名	単価	売上数量
20180101	Y10	197.0	5
	Y12	138.0	6
	Y13	397.0	2
	Y2	138.0	3
	Y3	138.0	2
...	...	...	...
20181231	Y5	157.0	5
	Y6	157.0	16
	Y7	97.0	8
	Y8	238.0	1
	Y9	131.0	4

3865 rows × 1 columns

図 5.19　日別の商品ごとの販売価格

　最後にこれらを 1 つのファイルに統合する。そして，分析する際のわかりやすさを考慮して，通常売価よりも販売価格が低ければ「特売」，高ければ「値上げ」を表すための項目を「価格設定」として追加する。そのスクリプトをコード 5.13 に示す。

コード 5.13　価格設定を表す項目の追加

```
1   # 通常売価, 特売, 値上げを表す「価格設定」項目作成
2   dat = dailyPrice.join(regPrice)
3   dat = dat.reset_index().rename(columns={'単価':'販売価格', '売上数量':'
    販売数量'})
4   dat.loc[dat['通常価格'] < dat['販売価格'], '価格設定'] = '値上げ'
5   dat.loc[dat['通常価格'] > dat['販売価格'], '価格設定'] = '特売'
6   dat.loc[dat['通常価格'] == dat['販売価格'], '価格設定'] = '通常売価'
```

　また，価格弾力性の計算で必要な通常売価で販売したときの各商品の平均販売数量を計算するスクリプトをコード 5.14 に示す。コード 5.14 の 1 行目で，通常価格を対象に商品名ごとに販売数量の平均値を計算している。3 行目では，平均値を通常数量として結合している。その出力結果を図 5.20 に示す。

コード 5.14　通常売価の平均販売数量の計算

```
1  avgNum = dat[dat['価格設定'] == '通常売価'].groupby(['商品名'],
       as_index=False)['販売数量'].mean()
2  avgNum = avgNum.rename(columns={'販売数量':'通常数量'})
3  rsl = dat.merge(avgNum, on='商品名')
4  rsl.head()
```

	売上日	商品名	販売価格	販売数量	通常価格	頻度	価格設定	通常数量
0	20180101	Y10	197.0	5	197.0	236	通常売価	18.894444
1	20180102	Y10	188.0	20	197.0	236	特売	18.894444
2	20180103	Y10	197.0	30	197.0	236	通常売価	18.894444
3	20180104	Y10	207.0	15	197.0	236	値上げ	18.894444
4	20180105	Y10	207.0	17	197.0	236	値上げ	18.894444

図 5.20　価格弾力性を計算するデータ

5.3.5　価格弾力性の計算

それでは価格弾力性を計算しよう。価格弾力性を計算するためのスクリプトをコード 5.15 に示す。1 行目は，価格設定が「通常価格」の場合は，販売価格と通常価格が等しくなるため省く。3 行目で価格変化率，4 行目で数量変化率を求め 5 行目で価格弾力性を計算する。7 行目では，結果をファイルに保存する。

コード 5.15　価格弾力性の計算

```
1  df = rsl[rsl['価格設定']!='通常売価'].copy()
2  # 弾力性の価格変化率として利用 (midpoint method を利用)
3  df['価格変化率'] = (df['販売価格'] - df['通常価格'])/((df['販売価格'] +
       df['通常価格'])/2)
4  df['数量変化率'] = (df['販売数量'] - df['通常数量'])/((df['販売数量'] +
       df['通常数量'])/2)
5  df['価格弾力性'] = df['数量変化率']/df['価格変化率']
6  display(df.head())
7  df.to_csv('out/elasticity.csv', index=False)
```

その結果を図 5.21 に示す。例えば，1 行目の商品 Y12 の価格弾力性はプラスで，価格設定が特売なので値引きしても通常よりも販売数量が少ないことを示している。実際に数量を確認すると，販売数量は 6 で通常数量が平均で約 7

	売上日	商品名	販売価格	販売数量	通常価格	頻度	価格設定	通常数量	価格変化率	数量変化率	価格弾力性
1	20180102	Y10	188.0	20	197.0	236	特売	18.894444	-0.046753	0.056849	-1.215937
3	20180104	Y10	207.0	15	197.0	236	値上げ	18.894444	0.049505	-0.229798	-4.641928
4	20180105	Y10	207.0	17	197.0	236	値上げ	18.894444	0.049505	-0.105556	-2.132240
5	20180106	Y10	207.0	22	197.0	236	値上げ	18.894444	0.049505	0.151882	3.068007
6	20180107	Y10	207.0	16	197.0	236	値上げ	18.894444	0.049505	-0.165897	-3.351122

図 5.21 価格弾力性の結果

になっており，値引きの効果は小さい。一方で 2 行目の Y2 に関しては，価格弾力性が −1.28 と弾力的であり，値引きにより通常数量よりも多く売れていることが確認できる。この図 5.21 の結果は，価格変更があった日の販売価格を利用した価格弾力性であり，同じ商品でも価格設定と日によって価格弾力性が異なるため，商品ごとに価格弾力性の平均値を計算し，各商品の価格変更の効果を確認する。

コード 5.16 は価格弾力性の平均値を計算するスクリプトである。得られた結果を図 5.22 に示す。

コード 5.16 価格弾力性の平均値

```
1   avgEl = df.groupby(['商品名', '価格設定'], as_index=False)['価格弾力
        性'].mean()
2   avgEl.head(100)
```

価格弾力性の符号として，表 5.6 に示したように，特売時に価格弾力性がマイナスに大きければ値引きにより販売数量が増えている商品である。これらの値から多くの商品は値引きの効果が確認できる。ただし，Y11 などは特売しても価格弾力性がプラスになっており，値引きの効果が少ない商品のため価格設定を見直す必要がある。一方で値上げのときは，どの商品も価格弾力性がマイナスになっている。つまり，これは値上げすることによって販売数量が減っていることを示しており，値上げによる利益の増加が販売数量の減少をカバーできているかが重要である。

5.3.6 交差弾力性の計算

最後に交差弾力性を計算する。交差弾力性は同じ日付でほかの商品の変化量を利用する必要があるため，すでに計算した価格弾力性データに含まれる価格

	商品名	価格設定	価格弾力性
0	Y1	特売	-3.218192
1	Y10	値上げ	-4.756690
2	Y10	特売	-8.631454
3	Y11	値上げ	-7.727878
4	Y11	特売	3.057336
5	Y12	特売	-5.978409
6	Y13	特売	-0.045118
7	Y2	特売	-0.992598
8	Y3	特売	-4.760052
9	Y4	特売	-5.134526
10	Y5	値上げ	58.376658
11	Y5	特売	-3.004142
12	Y6	特売	-4.464619
13	Y7	値上げ	-54.153639
14	Y7	特売	-6.007743
15	Y8	特売	-1.035171
16	Y9	特売	-1.641146

図 5.22　価格弾力性の平均値

と数量の変化量を利用する。そのスクリプトをコード 5.17 に，結果を図 5.23
に示す。スクリプトの 3 行目でデータフレームをコピーしている。2 つの同じ
内容のデータフレームを利用してほかの商品の価格と数量の変化量をすべて結
合する。したがって，6 行目の merge で外部結合である outer を指定している。

コード 5.17　交差弾力性の計算

```
1   df = pd.read_csv('out/elasticity.csv')
2   df = df[['商品名', '売上日', '価格変化率', '数量変化率']]
3   df2 = df.copy()
4
5   # 交差弾力性計算のために同一日でほかの商品の変化量をすべて結合
6   df = pd.merge(df, df2, on='売上日', how='outer')
7   df = df[df['商品名_x']!=df['商品名_y']]
8
9   # 交差弾力性の計算 y の数量変化率/x の価格変化率 (x の価格が変化したときに
```

```
         y の数量がどの程度動くか)
10   df['交差弾力性'] = df['数量変化率_y']/df['価格変化率_x']
11   df.head(100)
```

	商品名_x	売上日	価格変化率_x	数量変化率_x	商品名_y	価格変化率_y	数量変化率_y	交差弾力性
1	Y10	20180102	-0.046753	0.056849	Y12	-0.063158	0.590205	-12.623831
2	Y10	20180102	-0.046753	0.056849	Y2	-0.169742	0.056604	-1.210692
3	Y10	20180102	-0.046753	0.056849	Y3	-0.063158	0.338902	-7.248740
4	Y10	20180102	-0.046753	0.056849	Y4	-0.106610	0.158273	-3.385292
5	Y10	20180102	-0.046753	0.056849	Y7	-0.108696	0.178361	-3.814936

図 5.23 交差価格弾力性の結果

結果を確認すると 1 行目の Y12 と Y2 の交差弾力性はマイナスの値になっている。Y12 の価格変化率_x はマイナスなので値下げを意味しており，そのとき Y2 の数量変化率_y が増加していることから，Y12 の値下げが Y2 の販売数量を増加させるため補完関係の可能性が考えられる。ここの解釈が不安な場合は，表 5.7 の交差弾力性の符号を確認してほしい。

しかし，価格変化率_y をみると同様に Y2 の値下げが行われているため，この場合は，補完関係ではなく，両方の値下げによる他方の販売数量の増加と考えるべきである。そこで，他方の価格変化が小さい場合を確認するために，価格変化率_y の絶対値を計算し昇順に並べ替えて結果を確認する。そのスクリプトをコード 5.18 に，結果を図 5.24 に示す。

コード 5.18 価格変化率_y の昇順の結果
```
1   df['abs_py'] = df['価格変化率_y'].abs()
2   df = df.sort_values('abs_py', ascending=True)
3   df.head()
```

図 5.24 の 1 行目では，交差弾力性がプラスになっている。これは商品 Y2 の値下げが，Y4 の販売数量の減少に影響を与えており，Y2 と Y4 は代替商品として考えられる。一方で 4 行目の Y10 と Y5 の交差弾力性はマイナスになっている。これは Y10 の値上げが Y5 の販売数量の減少に影響をしていることで交差弾力性がマイナスになっている。ただし，Y10 の値上げが Y5 の販売数量に

	商品名_x	売上日	価格変化率_x	数量変化率_x	商品名_y	価格変化率_y	数量変化率_y	交差弾力性	abs_py
15239	Y9	20181219	-0.722222	1.010403	Y5	0.002545	0.148541	-0.205672	0.002545
15227	Y3	20181219	-0.138182	0.576687	Y5	0.002545	0.148541	-1.074969	0.002545
15233	Y7	20181219	-0.675862	0.264292	Y5	0.002545	0.148541	-0.219780	0.002545
15221	Y2	20181219	-0.063158	-0.345351	Y5	0.002545	0.148541	-2.351901	0.002545
15215	Y12	20181219	-0.138182	0.239415	Y5	0.002545	0.148541	-1.074969	0.002545

図 5.24　y の価格変化の影響を除いた交差価格弾力性の結果

影響を与えたという因果関係を述べるためには，ほかに考えられる要因の影響などもあるため，慎重な考察が必要である。

章　末　問　題

(1) 5.1.4 項では，2 部グラフとしてモニタと商品を利用しているが，モニタのかわりにレシートを，商品のかわりに細分類名を用いることも可能である。それぞれのメリット，デメリットについて考えよ。

(2) 免罪符的購買以外にも，特保茶類が高カカオチョコレートと併買されるバイクラスタも注目された。顧客は高齢の女性に傾向が強かった。このバイクラスタからどのような購買シーンが考えられるであろうか。

(3) 5.1.7 項に示した施策の実施方法に関する改善点を考えよ。

(4) 相関ルールを抽出する際の問題点がいくつか述べられていたが，それらはどういう点かもう一度考えてみよ。

(5) コード 5.7 で作成したデータフレームの Rules から，jaccard が相互に 20 位以内かつ lift が相互 20 位以内のルールを選択した「m_rules3」を作成せよ。またそれをグラフで描画して興味深いルールを見つけてみよ。

(6) 価格弾力性がプラスになったときには，どのような解釈ができるか考えてみよ。

(7) ヨーグルトのかわりに milk.csv を利用して，牛乳を対象に価格弾力性を計算し，価格変更の改善が必要な商品を発見せよ。

文　　　　献

1) 石田悠真，羽室行信，丸橋弘明，加藤直樹，宇野毅明 (2019)．特保茶飲料に関する購買トランザクションのバイクラスタリング：併買パターンの抽出と実店舗における実証実験．2019 年度 (第 33 回) 人工知能学会全国大会論文集．

2) 厚生労働省，特保（特定保健用食品）とは？　https://www.e-healthnet.mhlw.go.jp/information/food/e-01-001.html（2021 年 2 月アクセス）

3) にしのみや WebGIS. `https://webgis.nishi.or.jp/index.php` (2019 年 3 月 17 日アクセス)

4) Uno, T., Maegawa, H., Nakahara,T., Hamuro, Y., Yoshinaka, R., Tatsuta, M. (2017). Micro-clustering by data polishing. 2017 IEEE International Conference on Big Data (Big Data), pp. 1012–1018.

5) `nysol_python` 公式ウェブサイト. `https://www.nysol.jp/nysol_python/index.html` (2021 年 5 月 20 日アクセス).

6) 岩﨑幸子 (2019). 相互類似関係を用いたアソシエーション分析. オペレーションズ・リサーチ, 64(11), pp. 665–670.

7) Gephi：ネットワーク解析及び可視化用オープンソフトウェア. `https://gephi.org/` (2021 年 5 月 20 日アクセス)

8) 岩﨑幸子, 中元政一, 中原孝信, 宇野毅明, 羽室行信 (2017). グラフ構造による相関ルールの視覚化ツール：KIZUNA. 2017 年度（第 31 回）人工知能学会全国大会論文集.

9) 中原孝信, 岩﨑幸子, 中元政一, 宇野毅明, 羽室行信 (2017). 相互類似関係を用いたグラフ研磨の提案とその評価. 2017 年度（第 31 回）人工知能学会全国大会論文集.

Chapter 6

店舗の分析

　私たちの身のまわりには，コンビニエンスストア，スーパーマーケット，ドラッグストア，そして百貨店など様々な業態の小売店が多くある。そのなかから消費者が店を選択する際に考慮する要因は，例えば，立地，品揃え，駐車場の有無，接客態度，店の雰囲気など様々であるが，店舗としては来店者を増やすためにも，消費者の店舗選択要因を把握し，自店舗と他店舗の違いを明確化することは重要である。

　6.1 節では，最初にドラッグストアとコンビニエンスストアにおける購買行動を比較することによって，2 つの業態の違いを示す購買特徴を把握する。次に，6.2 節では，自社と他社の顧客の違いや，自社と他社が扱う商品の違いなどを利用し，自社のポジションを把握するために利用されるポジショニングマップについて述べる。

6.1　ドラッグストア vs コンビニエンスストア ― 店舗選択要因の発見

　本節では，スキャンパネルデータを利用して，ドラッグストアとコンビニエンスストアの比較を行う。具体的には，QPR データのなかから，サンプルデータとして東京在住の既婚者と未婚者をそれぞれ 500 人ずつ，合計で 1,000 人のモニタデータをランダムに選択した。そして，そのデータを利用して，ドラッグストアとコンビニエンスストアで購入されている商品の違いを比較するために，5.2 節でも用いられた相関ルールを抽出し，それを店舗比較で用いる。

6.1.1　ドラッグストアのコンビニ化

　近年のドラッグストアは薬剤だけを取り扱っているわけではなく，24 時間営

業で家庭用品，食料品，弁当などを販売している店舗もある。このような傾向からドラッグストアのコンビニ化などといわれており，ドラッグストアがコンビニエンスストアやスーパーマーケットの競合になっている。

そこで，同時購買を表すグラフをコンビニエンスストアとドラッグストアのデータでそれぞれ生成し，そのグラフを比較することで 2 つの業態でどのような購買行動の違いがあるのか考察する。

ただし，ここでの商品は商品名をそのまま利用せずに，「細分類」を利用する。細分類とは，JICFS 分類コードで規定されているカテゴリで，「菓子パン」，「食パン」が識別できる粒度の分類である。それ以外にも「パン・シリアル類」などを表す小分類，「加工食品」などを表す中分類，「食品」などを表す大分類という分類があり，これらは JICFS 分類コードで規定されており，POS システムの商品管理に利用されている。

6.1.2 相関ルールの列挙

それでは実際に，ドラッグストアとコンビニエンスストアのデータを選択し，それぞれで相関ルールを列挙してみよう。

コード 6.1 では，nysol_python の take ライブラリを利用し，相関ルールを列挙するスクリプトを示している。

コード 6.1 相関ルールを列挙するスクリプト

```
1   import pandas as pd
2   import nysol.take as nt
3
4   df = pd.read_csv('in/datQpr.csv')
5   df = df[['モニタ', '細分類名', '業態名']]
6   df = df[~df.duplicated(subset=['モニタ', '細分類名', '業態名'])]
7
8   conv = df[df['業態名'] == 'コンビニエンスストア']
9   drug = df[df['業態名'] == '薬粧店・ドラッグストア']
10  # CSV に保存しておく
11  conv.to_csv('out/conv.csv', index=False)
12  drug.to_csv('out/drug.csv', index=False)
13
14  def calPat(ifile, id):
15      # 相関ルールの実行
16      nt.mtra2gc(tid='モニタ', item='細分類名', s='0.01', i=ifile, eo='
```

```
            out/pat%s'%(id)).run(msg='on')
17
18      # エッジ情報としてjaccard 上位 100 だけを保存
19      rsl = pd.read_csv('out/pat%s'%(id))
20      top100 = rsl.sort_values('jaccard', ascending=False).head(100)
21      edge = top100[['node1%0', 'node2%1']]
22      edge.to_csv('out/edge%s.csv'%(id), index=False, header=False)
23
24  calPat('out/conv.csv', 'C')
25  calPat('out/drug.csv', 'D')
```

1, 2 行目で必要なモジュールをインポートしている。ここでは，16 行目の mtra2gc メソッドを実行するために take をインポートしている。これらは 5.2 節でも用いられている。

相関ルールを列挙する前に，データから必要な項目を 5 行目で選択し，6 行目でそれらの重複行を単一にしている。この処理は，相関ルールの列挙で必要な同時購買の単位を決めている。例えば，モニタの 1 日ごとの購買を同時購買の単位として利用したい場合は，6 行目の処理に日付を加えることで，日別，業態別にモニタの購買が単一になり，それが同時購買の単位になる。今回は日付を含めていないため，モニタの業態ごとのすべての購買が同時購買の単位になる。

8 行目ではそのデータからコンビニエンスストアだけを選択し conv という変数に代入し，9 行目はドラッグストアで同様の処理をしている。14 行目からが相関ルールを列挙するための関数で，24, 25 行目で入力ファイルを引数に関数をそれぞれ呼び出している。つまり，それぞれの入力データを変えているだけで，相関ルールを列挙する処理は完全に同じものを利用している。16 行目の mtra2gc は例えば，out/conv.csv を引数に関数を呼び出した場合は，コンビニエンスストアの購買に限定し，モニタの細分類名に関する同時購買が計算される。s=は最小サポートで，ここでは全顧客のなかで同時に買う確率が 0.01 以上の相関ルールだけを列挙するように指定している。

20 行目では，得られた相関ルールのなかから jaccard という指標の高い 100 ルールだけを選択し，21 行目で，辺の情報だけを取り出している。node1, node2 がそれで，任意の 2 アイテムで辺が表現されている。この結果 (edge_C.csv) の一部を示したものが表 6.1 であり，node1 と node2 に細分類名が出力されて

表 6.1　コンビニエンスストアの相関ルールから出力されたグラフの辺

node1	node2
半生菓子	菓子パン
菓子パン	調理パン
スナック	チョコレート
半生菓子	生菓子
チョコレート	半生菓子
半生菓子	調理パン
スナック	半生菓子
⋮	⋮

おり，1 行目の半生菓子と菓子パンは最小サポート 0.01 以上で jaccard が一番高い辺である。

例題 6.1　同時購買の単位について考えてみよ。顧客の 1 回の購買を同時購買とみなして得られた相関ルールと，顧客の半年の購買すべてを同時購買とみなして得られた相関ルールではどのように違うか考えてみよ。

解答　「同時購買」は，顧客の 1 回の買い物で一緒に購入された商品を対象にした考え方である。その期間を変えて，例えば 1 週間単位で購買された商品を同時とみなす考え方を「併買」と呼ぶ。

　同時購買と併買からそれぞれ得られた相関ルールは，その意味することが変わってくる。同時購買から得られた相関ルールは，純粋に一緒に買われやすい商品ペアを示しているため，「食パン」と「牛乳」,「ニラ」と「レバー」のような消費期間が同じような商品が出現しやすくなる。

　一方で併買の場合は，「食パン」と「ジャム」のように消費期間が異なるが関連するような商品が出現しやすくなる。また，併買の期間が長くなれば，よりその顧客の嗜好を反映したような相関ルールが出てくる傾向にある。したがって，分析の目的にあわせて同時購買と併買を考えて期間単位を定めることが重要になる。

6.1.3　ネットワークの可視化

　コード 6.2 では，求めた相関ルールの辺の情報から networkx を使ってネットワークを描画する方法を示している。

コード 6.2　ネットワークを可視化するスクリプト

```
1    import networkx as nx
2    import matplotlib.pyplot as plt
```

```
3    import pathlib # パス関係の操作で利用
4
5    def graphDraw(file):
6
7        # 拡張子を除くファイル名取得
8        fname = (pathlib.Path(file)).stem
9        # グラフの作成
10       G = nx.Graph()
11
12       # ファイルの読み込み
13       G = nx.read_edgelist(file, delimiter=',', nodetype=str)
14       print(nx.number_of_nodes(G)) # ノード数をカウントして出力
15       print(nx.number_of_edges(G)) # エッジ数をカウントして出力
16
17       # グラフ描画のレイアウトを決定。バネモデルでk=はノードの距離を決めるパラ
           メーター
18       pos = nx.spring_layout(G, k=0.6, seed=4)
19
20       plt.figure(figsize=(12, 12)) # 図のサイズを決定 (単位はインチ)
21       plt.axis('off') # 軸は描画しない
22       # ノードは赤色 (r) で透過率 (alpha=)60%,エッジはシアン (c),文字サイズ 15
           インチ,フォントYuGothic(Mac),MS Gothic(Win)
23       nx.draw_networkx(G, pos, node_color='r', alpha=0.6, edge_color='c
           ', font_size=15, font_family='YuGothic')
24       plt.savefig('out/%s.png'%(fname))
25
26   graphDraw('out/edgeD.csv')
27   graphDraw('out/edgeC.csv')
```

　1～3 行目で必要なモジュールのインポートを行い，グラフの描画は関数
graphDraw で行っている。その関数をドラッグストアで求めた辺のファイル，
コンビニエンスストアの辺のファイルを引数にそれぞれ 26, 27 行目で呼び出
し，グラフの描画を行う。

　10 行目でグラフオブジェクトを作成し，13 行目でそのオブジェクトにファイ
ルを読み込む。14, 15 行目で節点と辺をカウントし画面に出力している。辺の
数は jaccard の上位 100 を選択しているため，コンビニエンスストア，ドラッ
グストアともに 100，節点数は，ドラッグストアが 52，コンビニエンスストア
が 32 であった。18 行目で描画アルゴリズムとしてバネモデルを利用し節点の

配置を行い，20 行目からは matplotlib の命令でサイズや色を指定し描画している。

　図 6.1 は，コンビニエンスストアの同時購買の結果を表すグラフである。接続関係が大きく 3 つの島に分かれていることが確認できる。下の島は，「サラダ」「和惣菜」「豆腐」「その他農産」などのおかずになる島である。同じ位置に，「ビール」「リキュール」「スピリッツ」の接続があり，これらはアルコール系の島である。そして一番大きい島が「炭酸フレーバー」を中心にしたソフトドリンクや，「半生菓子」「スナック」「アイス」などの飲料とお菓子・デザート系の島である。おかず，お菓子・デザート，アルコール系といった消費者の利用シーンをとらえた島が接続関係として示されている。

　図 6.2 は，ドラッグストアの同時購買の結果を表すグラフである。コンビニエンスストアのグラフに比べて大きな島ができている。これは，ドラッグストアのほうが同時購買の種類が多いため，たくさんの商品とつながった島が構成されていることが考えられる。また右上には，「洗剤」や「シャンプー・リンス」などの日用品を中心とした接続が出現しており，これはコンビニエンスストア

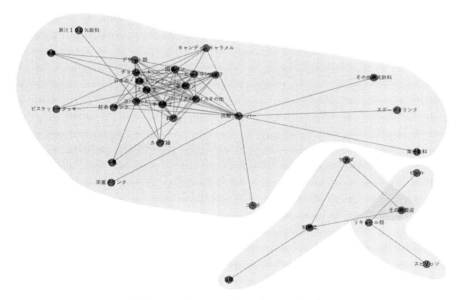

図 6.1　コンビニエンスストアの同時購買の可視化

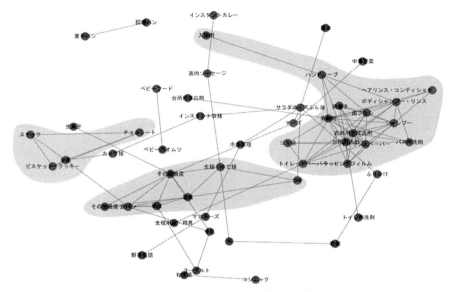

図 6.2　ドラッグストアの同時購買の可視化

には上位 100 の関係では出てきていない特徴である。一方で，左側には「チョ
コレート」「スナック」「クッキー」などのお菓子系の接続や，中心には「その
他畜産」「その他農産」「生麺」などの食品の接続が出現している。

　コンビニエンスストアに比べてより広いカテゴリとの接続関係があり，多様
な利用シーンを反映させたつながりだと考えられる。ドラッグストアの購買は，
家庭用品を中心にお菓子や食品などに拡がっており，スーパーマーケットに近
い購買傾向であろう。

例題 6.2 networkx では，コード 6.2 で選択したバネモデル以外にも描画を決める方法
　　　　　が複数用意されている。その中から，ランダムレイアウト (random_layout)
を利用してグラフを描画してみよ。

解答　　コード 6.2 の nx.spring_layout を nx.random_layout(G) に変更する。
引数は G だけで描画してみよう。

6.2 店舗クラスタリングとポジショニングマップによる競合分析

　店舗をどのように経営していくかについては，その店舗の立地や顧客層といった様々なニーズに関する分析が必要になる。また，他社との激しい競争にさらされている現在においては，競合他社との差別化こそが重要となる。差別化については 1.2.4 項もあわせて確認しよう。

　差別化戦略は，M. ポーターが示した競争戦略のうちの 1 つであり，自社の商品・サービスに関して競合他社と差異を設けることで，市場のなかでの競争優位性を確立する重要な戦略である[1]。主な役割や機能が等しい商品やサービスに対して，広告戦略やブランド戦略などにより，消費者に対して付加価値を訴求し，市場での受容性を高める。

　差別化の方法には次のような 2 つの方向性がある。

　垂直的差別化　垂直的差別化では，商品の品質や機能などの面で差別化を図る。同一カテゴリ内で価格差がなければ，より機能が高いほど価値が高く選択されやすい。

　水平的差別化　品質や機能でなくデザインや形状など，消費者の感情的嗜好により選択が異なる場合，特定のターゲットのニーズにフォーカスすることで競合他社との差別化を図る。

　こうした差別化戦略を成功させる 1 つの方法は，競合市場における自社のポジションを明らかにすることである。その方法の 1 つとして，他社の顧客と自社の顧客の違いを知ることや，自社が扱う商品が他社とどのように異なるかを比較することが挙げられる。

　このために，しばしばポジショニングマップが用いられる。ポジショニングマップは，少数（例えば横軸と縦軸の 2 軸）の評価軸に対して，その軸上での自社および他社のポジション（座標）を付置し，自社と他社との相違を明らかにする。

　複数の評価対象のうち，近い場所に位置する対象は特徴が似ており，ある種の競合関係にあるといえ，離れていれば異なると評価される。

　もしも，直接競合関係があるなかで優位性が示せず，製品戦略などを変更し

なければならない場合は，次のような方向性が考えられる。

1）現状の競合関係を維持しつつ，垂直的差別化すなわち機能や品質を高めるようなリニューアルを行う。

2）現状の競合関係のなかでも特に強いターゲットに絞る（水平的差別化）。

3）現状の競合関係を保ちつつも，コストを下げつつ価格を下げる。

4）現状の競合関係から抜け出し，新たなポジションになるように経営戦略を変更する（リポジショニング）。

どのように戦略変更を行うかは，企業の保有する資源や競合の程度などにもよるが，まず市場をみるために自社のポジショニングを確認することが重要である。

以下では，ある県のスーパーマーケットのうち，中分類の販売数量の上位5カテゴリ（加工食品，飲料・酒類，菓子類，生鮮食品，日用雑貨）を抽出し，これら5カテゴリの販売数量合計がもっとも多かった系列店舗のデータ（sec6-2data.csv）からポジショニングを考える。なお，店舗名で集計しており，地区内に複数の同一チェーンの店舗があった場合も1つの店舗として集計している。

6.2.1　主観的評価軸によるポジショニングマップ

主観的に評価を行う場合は，できる限り相関の低い，すなわち対象を評価できる2つの別の評価軸を用意する。ただし，もしも関係が近いような軸を選ぶと，直線状に分析対象が並んでしまい，実質的に1つの軸で表現できてしまう。ここでは，データに占める購入数量をもとにした生鮮食品比率と，週末（土日）の比率をそれぞれ横軸，縦軸のキーとして集計した。これらをPythonで実行するために，コード6.3を入力し実行する。9, 10行目のピボットテーブルがそれぞれ横軸と縦軸のための集計であり，13, 14行目で生鮮食品比率と週末比率を求めたうえで，17, 18行目でこれらを結合している。

コード6.3　主観的評価によるポジショニングのためのデータの入力と集計

```
1    # モジュールの読み込み
2    import pandas as pd
3    import matplotlib.pyplot as plt
4
5    # データの読み込み(CSV ファイル)
6    df_position_org = pd.read_csv(in/'sec6-2data.csv')
```

```
7
8    # x軸とy軸のための集計
9    pt_position_x = pd.pivot_table(df_position_org, values='購入数量',
         index = '店舗', columns ='中分類名', aggfunc='sum')
10   pt_position_y = pd.pivot_table(df_position_org, values='購入数量',
         index = '店舗', columns ='曜日', aggfunc='sum')
11
12   # それぞれの比率の算出
13   x = pt_position_x['生鮮食品']/pt_position_x.sum(axis=1)
14   y = (pt_position_y['土'] + pt_position_y['日'])/pt_position_y.sum(
         axis=1)
15
16   # 集計データの結合
17   xy = pd.concat([x, y], axis=1)
18   xy.columns = ['生鮮食品比率', '土日比率']
19
20   # パーセント表示のための設定
21   pd.options.display.float_format = '{: <10.1%}'.format
22
23   # 結果の出力
24   xy
```

結果は，次の図 6.3 のように得られる。

散布図によってポジショニングマップを作成するためにコード 6.4 を入力し実行すると，図 6.4 が得られる。9, 10 行目でそれぞれの座標のラベルを表示

店舗	生鮮食品比率	土日比率
A	9.6%	38.6%
B	7.8%	38.7%
C	10.9%	38.4%
D	8.7%	38.0%
E	13.4%	29.0%
F	16.7%	39.4%
G	9.7%	36.3%
H	10.8%	40.3%
I	8.0%	26.9%
J	15.3%	29.4%

図 6.3　主観的評価のための集計

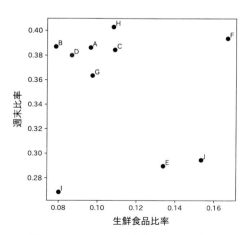

図 6.4　主観的評価軸によるポジショニング

している。

コード 6.4　主観的評価によるポジショニングマップ作成のためのデータの入力と集計

```
1    # 日本語設定
2    import japanize_matplotlib
3
4    # 散布図作成
5    plt.figure(figsize=[5,5])
6    plt.scatter(x, y, color='black')
7    plt.xlabel('生鮮食品比率')
8    plt.ylabel('週末比率')
9    for i, j in xy.iterrows():
10       plt.annotate(i, xy=(j[0]+0.001, j[1]+0.001))
```

図 6.4 より，店舗 I は生鮮食品比率が低く，また週末の利用も少ない。また図の右下に店舗 E や J があるが，通勤帰りの利用が多いためか，店舗 I 同様に週末利用が比較的少ない。ただし，店舗の性格が異なっており，生鮮食品比率は高いことがわかる。

例題 6.3　上記について中分類ではなく大分類で集計し，そのうちの「食品」比率を横軸として同じようにポジショニング分析をせよ。

解答　コード 6.3 の 9 行目からの `pt_position_x` について，ピボットテーブルによる集計をするときに `columns='大分類名'` とする。大分類は「食品」と「日用品」のみであるので，そのうちの食品の比率を同じように計算し，散布図を作成す

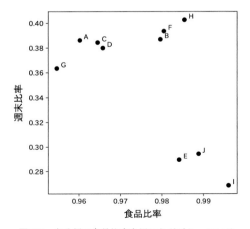

図 6.5　大分類の食品比率を用いたポジショニング

る（図 6.5）。図 6.5 より，店舗 I の食品比率が突出し，店舗 E や J と同じような
ポジションに位置することがわかる。

6.2.2 主成分分析によるポジショニングマップ

ポジショニングマップを描く分析手法としては次のようなものがある。

主成分分析 多変量データを線形結合することで少数の総合指標（主成分）
を求め，主成分によりポジショニングを評価する。

因子分析 多変量データを表現するような少数の潜在因子を推定し，その潜
在因子の強さにより対象間の関係を評価する。

対応分析 行列について行の要素と列の要素の関係の数をカウントし，その
関係の強さから行の要素間，列の要素間，行と列の要素間の関係を求める。

多次元尺度構成法 対象間の関係を距離として表現し，その距離をできる限
り保つように低次元に縮約する。

そのほかにも，カテゴリカルデータを対象とした数量化理論 II 類も，こうし
た手法の類似手法としてしばしば用いられる。

ここではまず，主成分分析を利用したポジショニングマップについて説明す
る。主成分分析は，対象を説明する多変量データの構造をうまく表すような総合
評価指標を求め，差異を分析しながらその特徴を明らかにする分析手法である。

今，対象について複数の項目の観測値が表 6.2 のように得られているとする。
例えば，ある店舗の 1 年間の購買履歴から，顧客ごとにカテゴリ別の購買数量
を集計した場合，対象が顧客，項目がカテゴリとなる。

このとき総合指標のスコア z_i として，

表 6.2 対象の特徴量データ

	項目 1	項目 2	$\cdots$	項目 j	$\cdots$	項目 r
対象 1	x_{11}	x_{12}	$\cdots$	x_{1j}	$\cdots$	x_{1p}
対象 2	x_{21}	x_{22}	$\cdots$	x_{2j}	$\cdots$	x_{2p}
$\vdots$	$\vdots$	$\vdots$	$\ddots$	$\vdots$	$\ddots$	$\vdots$
対象 i	x_{i1}	x_{i2}	$\cdots$	x_{ij}	$\cdots$	x_{ip}
$\vdots$	$\vdots$	$\vdots$	$\ddots$	$\vdots$	$\ddots$	$\vdots$
対象 n	x_{n1}	x_{n2}	$\cdots$	x_{nj}	$\cdots$	x_{np}

$$z_i = a_1 x_{i1} + a_2 x_{i2} + \cdots + a_p x_{ip} \tag{6.1}$$

を考える。この z_i が主成分である。項目の単位が異なる場合は，各項目で平均 0，分散 1 に標準化して用いる。

得られた a_i を主成分負荷量といい，z_j を主成分得点という。最初に得られる主成分を第 1 主成分というが，複数の項目をまとめて縮約しているため，第 1 主成分には含まれない情報がある。こうした情報が少なければ，第 1 主成分によって全体の評価をすればよいが，第 1 主成分に含まれていない情報が多く別の見方をしたい場合は，以降の主成分（第 2 主成分，第 3 主成分，$\cdots$）を順に求めていく。第 2 主成分以下はそれより上位の主成分とは無相関，すなわち直交するように求められ，しばしば第 1 主成分と第 2 主成分をそれぞれ横軸，縦軸としたグラフが描かれ，ポジショニングマップとして用いられる。主成分分析の数理的な背景については他書[2]を参照されたい。

ここでは，sec6-3data.csv について，購入行動と顧客属性の違いによるポジショニングをする。各店舗の曜日別の売上金額比率，乳幼児有無，小学生有無，中高生有無という世帯の子供の有無の平均値を使って主成分分析を行う。子供の有無については，本来はその店舗の購入客のうち何名に子供がいるかといった比率で求めるが，本分析においては，各購買商品にモニタを紐づけ，各商品の購入総数に対して子供がいるモニタの購入数量が占める割合を用いている。例えば，子供をもつモニタ A と子供をもたないモニタ B が同じ商品を一度ずつ購入した場合を考える。このとき，モニタ A は商品を 3 つ，モニタ B は商品を 1 つ購入したとする。来客数をもとにすれば子供をもったモニタの比率は 1/2=50% となるが，購入総数をもとにした場合は 3/(3+1)=75% となる。

主成分分析は，機械学習モジュールである scikit-learn のなかの次元圧縮のための decomposition モジュールの 1 つとして実装されているのでこれを利用する。

分析の準備のためのプログラムをコード 6.5 に示す。

コード 6.5 主成分分析のためのモジュールの読み込み

```
1    import numpy as np
2    import pandas as pd
3    from matplotlib import pyplot as plt
4
```

```
5    # 主成分分析モジュール
6    from sklearn.decomposition import PCA
7
8    # データ標準化モジュール
9    from sklearn.preprocessing import StandardScaler
```

そして，コード 6.6 に示すように sec6-2data.csv を df_position_org に読み込み，次のように主成分分析用のデータを作成する。5 行目のピボットテーブルによって店舗・曜日ごとの購入金額を集計し，6 行目で行（店舗）ごとの比率を計算している。また 9, 10 行目が子供の有無に関する集計である。これらを 13 行目の concat モジュールで結合している。

コード 6.6 主成分分析のためのデータ集計
```
1    # データの読み込み
2    df_position_org = pd.read_csv('sec6-2data.csv')
3
4    # 曜日別の売上金額の集計と構成比率の計算
5    df_pca_day = pd.pivot_table(df_position_org, values='金額', index='店
         舗', columns='曜日', aggfunc='sum')
6    df_pca_day = df_pca_day.apply(lambda x:x/sum(x), axis=1)
7
8    # 子供の有無の平均の集計
9    df_pca_child_groupby = df_position_org.groupby('店舗')
10   df_pca_child = df_pca_child_groupby.agg({'乳幼児有無': 'mean', '小学生
         有無': 'mean', '中高生有無': 'mean'})
11
12   # データの結合
13   df_pca = pd.concat([df_pca_day, df_pca_child],axis=1)
```

作成されたデータフレーム df_pca は図 6.6 のようになっている（集計を目的としたため曜日順には並んでいない）。このデータを各列について標準化し，主成分分析を実行する（コード 6.7）。ここでは第 3 主成分までを求めている。主成分負荷量は 10 行目の結果の components_，主成分得点は 15 行目のとおり，パラメータを計算したモデルに分析データを入力することで得られる。主成分の情報量を示す寄与率については結果の explained_variance_ratio_ に保存されているため（20 行目），累積寄与率を求めるためには 21 行目に示すように cumsum モジュールによって要素を足し合わせていく。

店舗	土	日	月	木	水	火	金	乳幼児有無	小学生有無	中高生有無
A	0.207791	0.203308	0.104466	0.078692	0.091781	0.213648	0.100315	0.113725	0.111455	0.086094
B	0.189444	0.206968	0.139346	0.120377	0.114572	0.108642	0.120651	0.132229	0.126323	0.174284
C	0.190429	0.214175	0.138818	0.109162	0.136027	0.101816	0.109574	0.164813	0.127224	0.136008
D	0.182285	0.197191	0.137463	0.112693	0.100739	0.151144	0.118484	0.141342	0.179611	0.183257
E	0.173125	0.125746	0.123008	0.101305	0.277284	0.092049	0.107482	0.091739	0.112584	0.224373
F	0.202091	0.237880	0.134178	0.080507	0.142585	0.097345	0.105413	0.178109	0.167963	0.121809
G	0.096737	0.258952	0.075975	0.341975	0.064046	0.078863	0.083453	0.066080	0.118900	0.189411
H	0.180978	0.251007	0.118077	0.080407	0.099233	0.145188	0.125109	0.073043	0.085783	0.163049
I	0.147726	0.138803	0.136513	0.122432	0.164803	0.147029	0.142694	0.150999	0.079767	0.155067
J	0.139045	0.169458	0.142006	0.125274	0.131115	0.138669	0.154434	0.040326	0.056610	0.088667

図 6.6   主成分分析のためのデータ集計

コード 6.7   主成分分析の実行と結果の表示

```
1    # 標準化
2    scaler = StandardScaler()
3    pca_sc = scaler.fit_transform(df_pca)
4
5    # 主成分分析の実行
6    pca_model = PCA(n_components=3)
7    pca_res = pca_model.fit(pca_sc)
8
9    # 主成分負荷量
10   loading = pd.DataFrame(pca_res.components_.T)
11   loading.index = df_pca.columns
12   loading.columns = ['第1主成分', '第2主成分', '第3主成分']
13
14   # 主成分得点
15   score = pd.DataFrame(pca_res.fit_transform(pca_sc))
16   score.index = df_pca.index
17   score.columns = ['第1主成分', '第2主成分', '第3主成分']
18
19   # 寄与率
20   cont_ratio = pd.DataFrame(pca_res.explained_variance_ratio_)
21   cum_ratio = pd.DataFrame(np.cumsum(pca_res.explained_variance_ratio_
         ))
22   ratio = pd.concat([cont_ratio, cum_ratio], axis=1).T
23   ratio.columns = ['第1主成分', '第2主成分', '第3主成分']
24   ratio.index = ['寄与率', '累積寄与率']
```

	第1主成分	第2主成分	第3主成分
土	-0.373852	-0.387601	-0.096370
日	0.302158	-0.320938	-0.330829
月	-0.459278	0.006354	0.121856
木	0.499978	0.106164	0.065980
水	-0.237833	0.143892	0.535028
火	-0.230668	0.059879	-0.485031
金	-0.332294	0.402313	-0.077607
乳幼児有無	-0.229139	-0.467494	0.125695
小学生有無	0.027471	-0.573607	0.151029
中高生有無	0.185928	-0.041610	0.543986

図 6.7　主成分負荷量

店舗	第1主成分	第2主成分	第3主成分
A	-0.622275	-0.685018	-2.610382
B	-0.407499	-0.633135	0.405401
C	-0.632953	-1.224954	0.274467
D	-0.532782	-1.459667	0.183191
E	-0.496366	0.874822	3.273204
F	-0.718160	-2.445882	0.164443
G	5.451604	0.260157	0.102776
H	0.223147	0.476980	-1.199634
I	-1.371293	1.596858	0.560530
J	-0.893422	3.239838	-1.153997

図 6.8　主成分得点

結果は図 6.7 と図 6.8 のとおりである。なお，寄与率は第 1 主成分から順に 34％, 25％, 21％で，第 3 主成分までの累積寄与率は約 80％になる。

コード 6.8 とコード 6.9 を入力，実行し，第 1 主成分を横軸，第 2 主成分を縦軸とした主成分負荷量と主成分得点の散布図をそれぞれ図 6.9，6.10 に示す。

コード 6.8　主成分負荷量の散布図（横軸：第 1 主成分，縦軸：第 2 主成分）

```
1   # 日本語環境
2   import japanize_matplotlib
3
4   # 主成分負荷量のグラフ(前者が横軸，後者が縦軸)
5   plt.figure(figsize=(5,5))
6   plt.scatter(loading.values[:, 0], loading.values[:, 1], color='black
    ')
7   plt.xlim(-1, 1)
8   plt.ylim(-1, 1)
9   plt.axhline(0, color='black')
10  plt.axvline(0, color='black')
11  plt.xlabel('第 1主成分')
12  plt.ylabel('第 2主成分')
13  for i, j in loading.iterrows():
14      plt.annotate(i, xy=(j[0]+0.03, j[1]+0.03))
```

コード 6.9　主成分得点の散布図（横軸：第 1 主成分，縦軸：第 2 主成分）

```
1   # 主成分得点のグラフ(前者が横軸，後者が縦軸)
2   plt.figure(figsize=(5,5))
```

```
3    plt.scatter(score.values[:, 0], score.values[:, 2], c='black', marker
         ='x')
4    plt.xlim(-6, 6)
5    plt.ylim(-6, 6)
6    plt.axhline(0, color='black')
7    plt.axvline(0, color='black')
8    plt.xlabel('第1主成分')
9    plt.ylabel('第2主成分')
10   for i, j in score.iterrows():
11       plt.annotate(i, xy=(j[0]+0.2, j[2]+0.2))
```

横軸を第 1 主成分，縦軸を第 2 主成分とした散布図を図 6.9, 6.10 に示し，横軸を第 1 主成分，縦軸を第 3 主成分とした図を図 6.11, 6.12 に示す。

以下で，分析結果全体を俯瞰した考察をまとめる。図 6.10, 6.12 で特徴的な

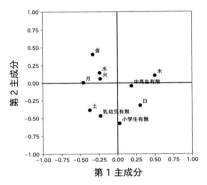

図 6.9　主成分負荷量（第 1, 2 主成分）

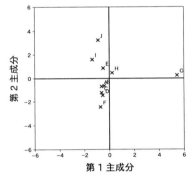

図 6.10　主成分得点（第 1, 2 主成分）

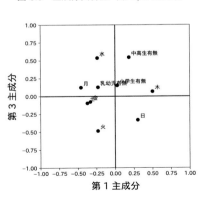

図 6.11　主成分負荷量（第 1, 3 主成分）

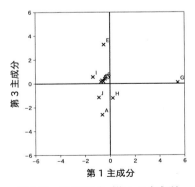

図 6.12　主成分得点（第 1, 3 主成分）

のは店舗 G であり，ほかの店舗から大きく離れた位置にある。スーパーマーケットの価格戦略は特定日・曜日に定期的にセールを行う HILO（ハイロープライス）と，特売日を設定せずに常に同じ価格で販売する EDLP（エブリデーロープライス）である。店舗 G は木曜日がセール日であり，木曜日の来店者数の多さが第 1 主成分の特徴として得られている。第 2 主成分は，正の方向に平日，負の方向に週末および子供ありが位置しており，子供のいる家庭に比較的週末の来店が多いことがわかる。平日の方向には店舗 E や J が位置しており，前項同様通勤帰りの利用といったシーンが想像できる。また第 3 主成分では店舗 E が正，店舗 A が負に位置しているが，これらの店舗も定期的なセールが開催されており，来店日との関係がみられる。

例題 6.4 店舗ごとの中分類の売上金額の構成比率を集計し，主成分分析をせよ。そして，第 1 主成分と第 2 主成分について主成分負荷量と主成分得点の散布図を描け。

解答 コード 6.6 の 5 行目で，コード 6.10 のように中分類名を列要素として集計し，主成分分析を行う。

コード 6.10 中分類名による集計

```
1    # 中分類別の売上金額の集計と構成比率の計算
2    df_ex = pd.pivot_table(df_position_org, values='金額', index='店舗',
         columns='中分類名', aggfunc='sum')
```

6.2.3 対応分析によるポジショニングマップ

対応分析（コレスポンデンス分析，双対尺度法とも呼ばれる）は，各商品に対する各購入顧客層の人数というように，2 つの集計キーの行要素と列要素に共通する件数を数え上げた分割表について，その関係を分析しようというものである。そして，行と列をいわば同等に考えてその関係を分析する。具体的には，行と列の方向それぞれに対して主成分分析を行うことで，行要素と列要素についてスコアリングする。そしてそのスコアの大きさと要素どうしの相違により類似性を評価する。詳しくは他書に譲る[2]が，これにより行と列の要素を 1 つの平面上で同時に表すことができ，行要素と列要素の関連について把握で

表 6.3　分割表

	項目 1	項目 2	$\cdots$	項目 j	$\cdots$	項目 c	合計
対象 1	f_{11}	f_{12}	$\cdots$	f_{1j}	$\cdots$	f_{1c}	$f_{1\cdot}$
対象 2	f_{21}	f_{22}	$\cdots$	f_{2j}	$\cdots$	f_{2c}	$f_{2\cdot}$
$\vdots$	$\vdots$	$\vdots$	$\vdots$	$\vdots$	$\vdots$	$\vdots$	$\vdots$
対象 i	f_{i1}	f_{i2}	$\cdots$	f_{ij}	$\cdots$	f_{ic}	$f_{i\cdot}$
$\vdots$	$\vdots$	$\vdots$	$\vdots$	$\vdots$	$\vdots$	$\vdots$	$\vdots$
対象 r	f_{r1}	f_{r2}		f_{rj}	$\cdots$	f_{rc}	$f_{r\cdot}$
合計	$f_{\cdot1}$	$f_{\cdot2}$	$\cdots$	$f_{\cdot j}$	$\cdots$	$f_{\cdot c}$	n

きる。

対応分析は，表 6.3 のような分割表を対象とする。ここで各要素 f_{ij} は各項目に該当する頻度である。最後の行と列の $f_{i\cdot}$, $f_{\cdot j}$ はそれぞれの行合計，列合計を示す。全要素を n とする。

対応分析では，行と列について行和もしくは列和を 1 にするような変換を施したうえで，構成比率を比較する。そのため，うまく比較できる，すなわち差がはっきりするような評価変数を合成することを考える。

以下では実際にデータを使った分析例を示す。対応分析は，mca モジュールで実行できるが，デフォルトではインストールされていない場合があるので，そのときはコード 6.11 を実行する。

コード 6.11　新しいモジュールのインストール

```
1    !pip install mca
```

mca モジュールがインストールされていることを確認したうえで，以下のモジュールを読み込む（コード 6.12）。

コード 6.12　対応分析で使うモジュールの読み込み

```
1    import pandas as pd
2    from matplotlib import pyplot as plt
3    import mca
```

データは主観的ポジショニングのときと同じデータを用いる。読み込んだデータフレーム（df_position_org）について，小分類名，店舗ごとに購入数量を集計し，その上位 11 位までの小分類名の集計データを抽出する。コード 6.13 を入力し実行する。13 行目で上位の 11 位までの小分類，10 位までの店舗を抽出している。

コード6.13　対応分析用データの作成

```
1    # データの読み込み
2    df_position_org = pd.read_csv('in/sec6-3data.csv')
3
4    # 小分類の購入数量を店舗ごとに集計
5    pt_cross_org = pd.pivot_table(df_position_org, values='購入数量',
         index='小分類名', columns='店舗', aggfunc='sum')
6
7    # 該当なしに0.を代入
8    pt_cross_org.fillna(0.)
9
10   # 各行の合計を計算し降順に並べ替え，上位店舗を抽出
11   pt_cross_org['合計'] = pt_cross_org.sum(axis=1)
12   pt_cross_org = pt_cross_org.sort_values('合計', ascending=False)
13   df_corresp = pt_cross_org.iloc[:11, :10]
```

この結果，図 6.13 が出力される。

店舗	A	B	C	D	E	F	G	H	I	J
小分類名										
菓子	6062	3260	6682	16332	5369	1802	4056	3600	3711	3768
農産	4521	1793	6352	11664	5530	3423	3131	3163	2028	4452
清涼飲料	5116	2701	3523	12546	2883	1196	2606	3229	3670	2178
パン・シリアル類	4918	2154	5331	9164	3725	1519	3510	2427	2702	2780
水物	2955	1408	4185	8446	3192	1349	2179	2573	1179	2159
デザート・ヨーグルト	2979	1607	4057	8304	3209	1136	2303	1711	1091	1526
麺類	3165	1745	2731	8008	2383	1020	2833	2016	1804	1693
乳飲料	2682	1355	3274	6788	3225	1226	1853	1334	1430	1039
冷凍食品	2697	1492	3957	9422	2129	464	904	1327	724	839
アルコール飲料	2046	1526	2307	7135	1349	1791	1607	1279	2173	1794
調味料	1939	1122	2528	6197	1823	863	1557	1571	478	1322

図 6.13　対応分析のためのデータ

　対応分析の実行と結果の抽出はコード 6.14 を入力，実行する。ここでは，固有値の小さい部分について無視するベンゼクリ (Benzécri) の補正は行わないようにオプションを指定している（2行目）[3]。

　また，行スコア（小分類名ごとのスコア）は fs_r，列スコア（店舗ごとのスコアは fs_c から抽出できる（5行目と8行目）。15行目以降が寄与率と累積寄

与率の計算である。

そして，第2軸までの行スコアと列スコア（図6.14と図6.15），各軸の寄与
率を表示する。

コード 6.14　対応分析の実行と結果の表示

```
1   # 対応分析の実行
2   mca_result = mca.MCA(df_corresp, benzecri=False)
3
4   # 行スコアの抽出
5   result_r = pd.DataFrame(mca_result.fs_r(N=2))
6
7   # 列スコアの抽出
8   result_c = pd.DataFrame(mca_result.fs_c(N=2))
9
10  # ラベルの取得
11  result_r.index = df_corresp.index
12  result_c.index = df_corresp.columns
13
14  # 寄与率の計算
15  contribution = pd.DataFrame(mca_result.expl_var(greenacre=False, N
        =2)).T
16  cum_contribution = pd.DataFrame(np.cumsum(mca_result.expl_var(
        greenacre=False, N=2))).T
17  contribution_ratio = pd.concat([contribution, cum_contribution],axis
        =0)
18  contribution_ratio.index = ['寄与率', '累積寄与率']
```

寄与率は第1軸が39%，第2軸が32%であり，2軸あわせて7割程度の説明
ができていることがわかる。第1軸を横軸，第2軸を縦軸として散布図を描く
と図 6.16 が得られる。散布図を描くためのプログラムがコード 6.15 である。

コード 6.15　対応分析の結果の散布図表示

```
1   # 日本語環境
2   import japanize_matplotlib
3
4   # 散布図の設定
5   fig = plt.figure(figsize=[5, 5])
6   ax = fig.add_subplot(1, 1, 1)
7   plt.xlim(-0.4, 0.4)
8   plt.ylim(-0.4, 0.4)
9
10  # 行スコア
```

```
11  plt.scatter(result_r[0].values, result_r[1].values, marker='o', color
        ='black')
12  for i, j in result_r.iterrows():
13      ax.annotate(i, xy=(j[0] + 0.01, j[1] + 0.01))
14
15  # 列スコア
16  plt.scatter(result_c[0].values, result_c[1].values, marker='x', color
        ='gray')
17  for i, j in result_c.iterrows():
18      ax.annotate(i, xy=(j[0] + 0.01, j[1] + 0.01))
19
20  # 軸と軸ラベルの表示
21  plt.axhline(0, color='black')
22  plt.axvline(0, color='black')
23  plt.xlabel('第1軸')
24  plt.ylabel('第2軸')
```

こうした分析は対象間の相対比較であるという制限はあるが，店舗 I は飲料に強く，また店舗 B や D が，ほかの店舗に比べて清涼飲料や冷凍食品と特に横軸で近い座標にあることがわかる。これらの店舗と対照的なのが店舗 F や J であることも見て取れる。

小分類名	0	1
菓子	-0.048589	0.000444
農産	0.218683	0.069413
清涼飲料	-0.214549	0.061509
パン・シリアル類	0.010317	0.065092
水物	0.093055	-0.044971
デザート・ヨーグルト	0.053676	-0.096727
麺類	-0.078519	0.052117
乳飲料	0.043868	-0.039304
冷凍食品	-0.085231	-0.302809
アルコール飲料	-0.066283	0.193386
調味料	0.056476	-0.092123

図 6.14　行スコア

店舗	0	1
A	-0.065293	-0.002311
B	-0.144860	-0.004044
C	0.102981	-0.111405
D	-0.069669	-0.078816
E	0.150086	-0.053400
F	0.249654	0.216406
G	0.017136	0.088540
H	-0.009891	0.018957
I	-0.233664	0.254179
J	0.153458	0.155942

図 6.15　列スコア

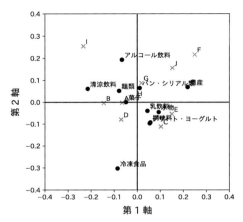

図 6.16　対応分析の結果の図示

例題 6.5 第 3 軸に該当する行スコアと列スコアを求め，第 1 軸と第 3 軸の散布図を描いてみよ。また，第 3 軸の寄与率を求めよ。

解答　第 3 軸のカテゴリスコアは，コード 6.14 について次のように N=2 を N=3 として実行すれば求められる。散布図は，縦軸（plt.scatter の第 2 要素）を 1 から 2 にすればよい。寄与率についても N=2 を N=3 とすれば第 3 軸の寄与率が 13.4％と求まる。修正の必要な部分をコード 6.16 に示す。

コード 6.16　第 3 軸のカテゴリスコア

```
1   # 行スコアの抽出
2   result_r = pd.DataFrame(mca_result.fs_r(N=3))
3
4   # 列スコアの抽出
5   result_c = pd.DataFrame(mca_result.fs_c(N=3))
6
7   # 必要な列のみの抽出
8   result_r = result_r.iloc[:, [0, 2]]
9   result_c = result_c.iloc[:, [0, 2]]
10
11  # 行スコア
12  plt.scatter(result_r[0].values, result_r[1].values, marker='o',
        color='black')
13  for i, j in result_r.iterrows():
14      ax.annotate(i, xy=(j[0] + 0.01, j[1] + 0.01))
```

章　末　問　題

(1) 相関ルールを列挙する際にいくつかの指標があるが，それらのしきい値を変更して実行すると，結果がどのように変わるか確かめてみよ。具体的には support 値と jaccard 係数の値を変更してみよ。

(2) しきい値を変更して得られた結果をネットワークで視覚化して，コンビニエンスストアの特徴とドラッグストアの特徴を解釈してみよ。

(3) スーパーマーケットとホームセンターのように，同じ流通業でも商品展開や購買が異なる業態において，それらを利用する顧客のポジショニングをしたいとき，どのような評価軸がふさわしいか考えてみよ。

(4) 本書用に提供されている購買履歴データから，本章で紹介した主成分分析と対応分析をせよ。また，このデータをもとに，ほかに店舗の違いを分析するための変数を考えて分析せよ。

文　　　献

1) ポーター，M. E. (著)，土岐坤，服部照夫，中辻萬治 (訳) (1995). 新訂　競争の戦略. ダイヤモンド社.
2) 生田目崇 (2017). マーケティングのための統計解析. オーム社.
3) Benzécri, J. P. (2019). *Correspondence Analysis Handbook*. CRC Press.

索　　引

編集者略歴

なか はら たか のぶ
中原 孝信
1981 年　奈良県に生まれる
2009 年　大阪府立大学大学院経済学研究科博士課程修了
現　在　専修大学商学部准教授
　　　　博士（経済学）

Python によるビジネスデータサイエンス 3
マーケティングデータ分析　　　定価はカバーに表示

2021 年 9 月 1 日　初版第 1 刷
2024 年 3 月 25 日　　第 3 刷

編集者　中　原　孝　信

発行者　朝　倉　誠　造

発行所　株式 朝　倉　書　店
　　　　会社
　　　　東京都新宿区新小川町 6-29
　　　　郵 便 番 号　162-8707
　　　　電　話　03（3260）0141
　　　　F A X　03（3260）0180
　　　　https://www.asakura.co.jp

〈検印省略〉

ISBN 978-4-254-12913-7　C 3341　　　　Printed in Japan

価格・概要等は小社ホームページをご覧ください.